灾难与创伤生命支持

Disaster and Trauma Life Support

（第二版）

主　编　陈永强　李　浩　胡　海
副主编　赵　欣　唐时元　姚　蓉　叶　磊

四川大学出版社
SICHUAN UNIVERSITY PRESS

图书在版编目（CIP）数据

灾难与创伤生命支持 / 陈永强，李浩，胡海主编. -- 2版. -- 成都：四川大学出版社，2024.9
ISBN 978-7-5690-6559-6

Ⅰ. ①灾… Ⅱ. ①陈… ②李… ③胡… Ⅲ. ①灾害管理—研究 Ⅳ. ①X4

中国国家版本馆CIP数据核字（2023）第256225号

书　　　名：	灾难与创伤生命支持（第二版）
	Zainan yu Chuangshang Shengming Zhichi (Di-er Ban)
主　　编：	陈永强　李　浩　胡　海
选题策划：	敬铃凌
责任编辑：	敬铃凌
责任校对：	余　芳
装帧设计：	墨创文化
摄　　影：	聂开来
责任印制：	李金兰
出版发行：	四川大学出版社有限责任公司
地　　址：	成都市一环路南一段24号（610065）
电　　话：	（028）85408311（发行部）、85400276（总编室）
电子邮箱：	scupress@vip.163.com
网　　址：	https://press.scu.edu.cn
印前制作：	成都墨之创文化传播有限公司
印刷装订：	四川煤田地质制图印务有限责任公司
成品尺寸：	185mm×260mm
印　　张：	9.375
插　　页：	28
字　　数：	279千字
版　　次：	2020年8月 第1版
	2024年10月 第2版
印　　次：	2024年10月 第1次印刷
定　　价：	78.00元

本社图书如有印装质量问题，请联系发行部调换

版权所有 ◆ 侵权必究

扫码获取数字资源

四川大学出版社
微信公众号

作者团队简介

主编

陈永强　香港圣方济各大学健康科学院
李　浩　四川旅游学院大健康产业学院
胡　海　四川大学华西医院

副主编

赵　欣　四川大学华西医院
唐时元　四川大学华西医院
姚　蓉　四川大学华西医院
叶　磊　四川大学华西医院

编者

陈　璇　四川大学华西第二医院
黄文姣　四川大学华西医院
黄晓鸣　四川大学华西第二医院
李　鑫　四川省医学科学院·四川省人民医院
李小玉　绵阳市中心医院
廖天治　成都市第二人民医院
马　丽　四川大学华西第二医院
任秋平　四川大学华西医院
夏　蕊　成都市第二人民医院
叶　磊　四川大学华西医院
袁震飞　四川大学华西医院
张建娜　四川大学华西医院
张钟满　成都市第二人民医院
赵　静　四川大学华西第二医院
卓　瑜　四川大学华西医院

序

近年来，全球多地灾难频发，包括澳大利亚的山火、印度尼西亚的洪水，以及我国的郑州水灾、泸定地震和积石山地震等。每一次灾难都让无数人的生命陷入困境。在这些灾难中，我们再次看到了医学救援人员的重要性，也看到了医护人员在紧急医学救援中的不可或缺作用。在这样的背景下，我们更加深刻地认识到了《灾难与创伤生命支持》这本书的价值。

2008年的汶川地震让我们认识到了紧急医学救援的重要性。在那次地震中，我国的医学救援人员展现出了极高的专业素养和无私奉献的精神，拯救了无数的生命。然而，我们也看到了救援过程中的不足，比如缺乏专门针对医学相关专业本科生的培训教材。这个问题也是我们编写《灾难与创伤生命支持》这本书的原因。

本书是一本专为医学相关专业本科生设计的紧急医学救援培训教材，涵盖了灾难救援医学的相关知识，如应急救援的基础知识和前沿理念、现场检伤分类医疗技术、创伤现场处理技术、儿童创伤救援固定和转移技术等。同时，本书还以图文并茂、通俗易懂的形式，从不同视角对每一种技术动作进行了详细说明和示范，方便读者学习和参考。

值得一提的是，《灾难与创伤生命支持》第一版获得了较多好评，成为紧急医学救援领域的热门教材。因此，我们决定推出第二版，以满足更多读者的需求。在第二版中，我们进行了内容的更新和优化，增加了新的案例和实战经验，以使本书更加贴近实际救援工作，更具实用价值。

我们希望，通过这本书能够帮助全国的医学相关专业本科生更加系统和快捷地学习到前沿实用的灾难医学救援知识和技能。我们相信，只有做好了充分的准备，才能在灾难来临时更好地保护自己和他人的生命安全。

在这个充满挑战和变数的世界上，灾难无处不在，无时不有。我们希望通过《灾难与创伤生命支持》这本书，能够为读者提供一份有力的工具，帮助他们更好地应对可能的灾难，保护生命的尊严和价值。

陈永强　李浩　胡海

前 言

在新时代的曙光中，我们见证了前所未有的全球性挑战，其中最为显著的就是频繁发生的灾难性事件。从新型冠状病毒感染疫情的全球蔓延，到自然灾害如地震、洪水和火灾的肆虐，每一次灾难都给人类社会带来了深刻的伤痕。在这些伤痕中，我们看到了生命的脆弱，也看到了救援人员的坚韧。

《灾难与创伤生命支持（第二版）》的问世，是对这些挑战的直接回应。本书旨在为所有投身于灾难救援工作的医护人员提供一本全面的备灾培训理论与操作指南。无论是护士、医生、120急救中心人员，还是救援人员和志愿者，本书的目标都是提高他们的灾难应对能力，以便在关键时刻为伤员提供及时有效的援助。

《灾难与创伤生命支持》第一版受到了广泛的认可和好评，它的实用性和针对性使其成为灾难医学领域的宝贵资源。第二版的出版，不仅是对第一版的继承和发展，更是在新的时代背景下，对灾难医学救援知识的全面更新。本书结合了最新的灾难救援案例，如尼泊尔地震等自然灾害的救援经验，为读者提供了最新、最实用的灾难救援知识。

在此，我们要特别感谢四川大学人工智能赋能创新型实践教育综合改革研究专项及四川大学华西医院高原医学中心1·3·5基金（GYYX24010）、四川省科技厅项目（25KPZP0261）、四川省科技厅科普作品创作项目（25KPZP0036）和四川省科技厅科普培训项目（2021JDKP0040）的支持。这些项目的资助为我们提供了宝贵的资源和条件，使得我们能够对本书进行全面的修订和完善，确保其内容的准确性和实用性。

本书的结构清晰，内容丰富，分为上下两篇。上篇聚焦于灾难管理和创伤管理的基础理论，包括现场评估、危险品事故处理、心理急救以及在汶川、尼泊尔等地灾难救援的经验分享。下篇则侧重于实际操作技能，如分诊、事故指挥系统、个人防护装备的使用、伤口处理、气道管理以及危重伤员的转运和急救技巧。

我们真诚地希望，这本书能够成为您在灾难救援道路上的得力助手。通过阅读和学习，您将能够更好地准备应对各种灾难情况，提高救援效率，降低伤亡风险。在这个多变的世界里，让我们共同学习、共同成长，为保护生命的安全与尊严，为构建一个更加和谐的社会，贡献自己的力量。

陈永强　李浩　胡海

目 录

上 篇

第一章 灾难管理（Disaster Management） ………………………………………… 003

    第一节 灾难的概念和特点（Concept and Characteristics of Disasters）/ 003

    第二节 灾难的分类（Classification of Disasters）/ 003

    第三节 灾难的严重程度（Severity of Disasters）/ 004

    第四节 灾难管理周期及事故干预指挥系统（Disaster Management Cycle and Incident Command System）/ 006

    第五节 医疗及公共卫生应对（Medical and Public Health Response）/ 008

第二章 危险品事故管理（Hazmat Management） ………………………………… 013

    第一节 常见危险品（Common Hazardous Materials）/ 013

    第二节 危险品的主要特征（Key Characteristics of Hazardous Materials）/ 013

    第三节 危险品事故管理的相关要素（Relevant Elements of Hazmat Accident Management）/ 015

第三章 创伤管理（Trauma Management） ………………………………………… 022

    第一节 创伤的概念（Concept of Trauma）/ 022

    第二节 高级创伤护理的起源及发展（Origins and Development of Advanced Trauma Care）/ 023

    第三节 创伤所致死亡的三个高峰期（Three Peaks of Trauma Mortality）/ 023

    第四节 创伤机制（Mechanisms of Trauma）/ 024

    第五节 创伤管理的原则（Principles of Trauma Management）/ 025

第四章 现场及创伤评估（Scene and Trauma Assessment） ……………………… 032

    第一节 现场评估（Scene Assessment）/ 032

    第二节 创伤评估（Trauma Assessment）/ 036

第五章 重要创伤管理（Major Trauma Management） …………………………… 041

    第一节 大出血的管理（Management of eXsanguination）/ 041

    第二节 气道异常的管理（Management of Airway Disorders）/ 041

    第三节 呼吸异常的管理（Management of Breathing Disorders）/ 044

第四节 循环异常的管理（Management of Circulation Disorders）/047

第五节 意识异常的管理（Management of Consciousness Disorders）/051

第六章 其他创伤管理（Miscellaneous Trauma Management） ·············· 056

第一节 腹部/四肢/脊髓损伤及烧伤（Abdominal/Extremity/Spinal Cord Trauma & Burn Injury）/056

第二节 脆弱人群的创伤管理（Trauma Management of Vulnerable Group）/059

第七章 灾难心理急救（Disaster Psychological First Aid） ················ 066

第一节 创伤与应激相关障碍（Trauma and Stressor-Related Disorders）/066

第二节 心理急救救援者的准备（Preparation of Psychological First Aid Rescuers）/068

第三节 心理急救（Psychological First Aid）/071

第四节 如何对伤员进行心理急救（How to Give Psychological First Aid to the Injured）/073

第五节 如何对幸存者进行心理急救（How to Give Psychological First Aid to the Survivors）/078

第六节 如何对救援者进行心理急救（How to Give Psychological First Aid to the Rescuer）/078

第八章 转运及救治危重伤员（Transport & Manage Critically Ill Victims） ·············· 080

第一节 转运危重伤员（Transport Critically Ill Victims）/080

第二节 在转运途中救治危重伤员（Manage Critically Ill Victims During Transport）/084

第九章 灾难救援——从汶川到尼泊尔（Disaster Rescue Experience—From Wenchuan to Nepal） ·············· 089

第一节 地震灾难的异同（Similarities and Differences of Earthquake Disasters）/089

第二节 地震医学救援的进步（Advancements in Medical Rescue for Earthquakes）/089

第三节 海外灾难救援的反思（Reflection on Overseas Disaster Relief）/090

第十章 如何建立院内医疗应对系统（How to Establish an In-Hospital Medical Response System） ·············· 092

第一节 大规模群体创伤事件发生前的准备（Preparations for the Occurrence of Large-Scale Mass Trauma Events）/092

第二节 大规模群体创伤事件发生时医院的功能定位（Functional Positioning of Hospitals During Large-Scale Mass Trauma Events）/093

第三节 大规模群体创伤事件的院内检伤分类（Hospital Triage in Large-Scale Mass Trauma Events）/094

第四节 大规模群体创伤事件的资源调配方案（Resource Allocation Plan for Large-Scale Mass Trauma Events）/094

第五节　大规模群体创伤事件中创伤伤员的救治流程（Treatment Process for Trauma Victims in Large-Scale Mass Trauma Events）/095

第十一章　公共安全突发事件与TEMS紧急医疗救援（Civilian Public Safety Emergencies & Tactical Emergency Medical Support） ································· 097

　　第一节　公共安全突发事件的TEMS紧急医疗救援（Tactical Emergency Medical Support to Civilian Public Safety Emergencies）/097

　　第二节　TEMS紧急医疗救援的策略应用（Application of Tactical Emergency Medical Support Strategy）/099

　　第三节　TEMS紧急医疗救援的应用（Application of Tactical Emergency Medical Support）/101

第十二章　灾难康复医学早期介入（Early Intervention in Disaster Rehabilitation Medicine）··· 111

　　第一节　物理治疗学早期介入（Early Intervention in Physiotherapy）/111

　　第二节　作业治疗早期介入（Early Intervention in Occupational Therapy）/119

　　第三节　应急救援中的辅具使用和实用康复技术（The Use of Assistive Devices and Practical Rehabilitation Techniques of Rehabilitation Medicine in Emergency Rescue）/121

第十三章　标记和信号系统的识别（Identification of Marking and Signaling Systems） ·········· 129

　　第一节　标记系统（Marking System）/129

　　第二节　紧急信号（Emergency Signaling）/136

下　篇

第一章　分诊（Triage） ·· 139

第二章　事故指挥系统（Incident Command System） ··· 142

第三章　化生放核爆个人防护装备（CBRNE-PPEs） ··· 145

第四章　伤口缝合（Wound Suturing） ··· 147

第五章　困难气道管理（Difficult Airway Management） ··· 149

第六章　锁定法（Grips） ·· 155

第七章　各类创伤干预（Miscellaneous Trauma Intervention） ······································ 162

第八章　夹板及担架（Splints & Stretchers） ·· 167

第九章　床单卷解救法（Bedroll Extrication） ·· 171

第十章　KED解救法（KED Extrication） ··· 175

第十一章　创伤评估和脊柱固定（成人）［Trauma Assessment & Spinal Immobilization (Adult)］ ·· 179

第十二章　创伤评估和脊柱固定（婴儿）[Trauma Assessment & Spinal Immobilizaiton（Infant）] ……………………………………… 185

第十三章　危重伤员转运及急救（Transport & Manage Critically Ill Victims） ……… 189

主要参考文献 …………………………………………………………………………… 191

编后语 …………………………………………………………………………………… 193

上 篇

第一章 灾难管理
（Disaster Management）

第一节 灾难的概念和特点
（Concept and Characteristics of Disasters）

灾难（Disaster）是指严重及突发的公共事件，它严重扰乱社会运行秩序，造成广泛的人员伤亡、财物损失，令社会基建受到破坏，并且灾区无法依靠自身资源应对。灾难也指人与环境之间的生态关系出现破裂或失衡。它在大多数情况下是突发的事件，同时规模庞大，灾区不能靠自身资源应付，往往需要向外界求助及接受国内国际支援。

灾难主要有三个特点：第一，对人类和社会基础建设带来损害；第二，往往是严重和突发事件，其中突发事件占大部分比例；第三，灾区无法通过自身资源来应对，需要外来的援助。灾难管理学是由管理学、灾难医学、急诊医学和公共卫生学结合所产生的学科。灾难医学与其他传统医学在处理伤员的原则上的区别是：传统医学的原则是尽最大努力去救治每一位病人（就是用最多的人力资源去救治少数的病人），而灾难医学的原则是尽最大努力去救治最多的人（就是用最少的人力资源去救治最多的病人）。没有人能准确预测下一次灾难出现的时间、地点和复杂性。但是所有灾难，不论是什么原因或种类，都会带来相似的医疗问题和公共卫生问题。

第二节 灾难的分类（Classification of Disasters）

灾难可分为自然灾难（Natural Disaster）及人为灾难（Man-made Disaster）两大类别（见表1.1）。自然灾难根据其产生方式可分为突然发生的灾难和缓慢发生的灾难两类。突然发生的灾难包括地震、飓风、海啸等。缓慢发生的灾难包括干旱、饥荒等。它们在发生的时间、受灾区域及受灾人数上都有局限性，如果造成大规模的人员伤害且救灾资源不足，后果将极其严重。人为灾难也被称为大规模伤亡事故（Mass Casualty Incident，MCI），如大型交通事故、战争、恐怖袭击等。

表1.1　灾难的分类

灾难分类	举例
自然灾难	突然发生：地震、飓风、海啸、洪涝、山体滑坡、龙卷风、火山爆发
	缓慢发生：干旱、饥荒
人为灾难	CBRNE事故（Chemical, Biological, Radioactive, Nuclear & Explosive Incident，化学事故、生物事故、辐射事故、核事故、爆炸事故）：工业意外
	运输意外：海难、陆难、空难
	坍塌事故：建筑物坍塌、矿井坍塌
	人类冲突：内乱、种族冲突、恐怖活动、战争

第三节　灾难的严重程度（Severity of Disasters）

相同种类的灾难可能产生不同的结果，其结果取决于灾难的稳定性、伤员的数目、受损程度和资源的供给及运用能力。不同种类的灾难也可能造成相似的结果，包括人员伤亡和财产损失。灾难的严重程度可以通过以下三种方式去预测或评价：潜在损害事件分级、医疗严重度指数、灾难严重程度评分。

一、潜在损害事件分级

潜在损害事件（Potential Injury/Illness Creating Events，PICE）是指那些最初表现为静态并且控制良好的局限性事件，但可能很快演变成区域性、国家性乃至全球性的大范围灾难。凯宁格（Koenig）等人指出，潜在损害事件分级是评估灾难的严重程度的一种手段，通常涉及三个方面的因素：①事件的稳定性；②受影响地区的资源供给和运用能力；③受影响程度。当事件是静态的，可利用的资源是足够的，即不需要外界支持，且仅局限于当地范围，可被评为0级，不需要启动外部援助。当事件是动态的，可利用的资源紧缺，事件演变成区域性的，便被评为Ⅰ级，外部援助此时会被设定于警觉状态，根据事件持续发展，受影响地区随时准备接受轻度的外部援助。动态的事件持续演变，没有可利用的资源，并波及全国，便被评为Ⅱ级，外部援助此时会被设定于待命状态。根据事件持续发展，受影响地区随时准备接受中度的外部援助。当动态的事件演变为国际性，完全没有可利用的资源，便被评为Ⅲ级，外部援助此时会被设定于启动状态，此时受影响地区极度需要外部援助（见表1.2）。

表1.2　PICE分级

稳定性	资源	影响范围	分级	需要外援	外部援助情况
静态	足够	当地	0	不需要	未启动
动态	不足	区域性	Ⅰ	轻度需要	警觉
动态	没有	全国性	Ⅱ	中度需要	待命
动态	没有	国际性	Ⅲ	极度需要	启动

二、医疗严重度指数

波尔（Boer）等人于1989年提出医疗严重度指数（Medical Severity Index，MSI），这是一个反映灾难严重程度的预期式评估指标。MSI取决于三个因素。①伤员负荷量（Casualty Load or Number，N）：估计伤员数目。②事故严重程度（Incident Severity，S）：分为红色（T1）、黄色（T2）、绿色（T3），以及黑色（DOA）四级。③医疗处置能力（Medical Service Capacity，MSC）：包括医疗救援能力（灾场处理能力）、运载伤员量（转运能力）及医疗处理量（医院处理能力）。MSI的计算公式为：$MSI=N\times S/MSC$。如果$N\times S<MSC$则为事故，如果$N\times S>MSC$则为灾难。

一般来说，一所医院每小时可以处理的伤员量为全院总病床数的1%~3%。举例来说，有1000张病床的医院，每小时可救治处理的伤员为10~30人。

三、灾难严重程度评分

由波尔（Boer）及卢瑟福（Rutherford）于1990年发展出来的灾难严重程度评分（Disaster Severity Score，DSS），主要从以下七个方面进行评分：①事件对社区的影响；②事件发生的原因；③事件持续时间；④事件影响范围；⑤事件受灾人数；⑥事件所导致伤员占幸存者比例；⑦救援所需时间。根据这七个方面进行评分，分数范围为1~13分，分数越高，灾难越严重，见表1.3。

表1.3　灾难严重程度评分

序号	项目	分数
1	事件对社区的影响	否=1 是=2
2	事件发生的原因	人为灾难=0 自然灾难=1
3	事件持续时间	<1小时=0 1~24小时=1 >24小时=2
4	事件影响范围	<1km=0 1~10km=1 >10km=2
5	事件受灾人数	25~100人=0 100~1000人=1 >1000人=2
6	事件所导致伤员占幸存者比例	大多数幸存者不需要住院治疗=0 50%幸存者需要住院治疗=1 >50%幸存者需要住院治疗=2
7	救援所需时间	<6小时=0 <24小时=1 >24小时=2

第四节 灾难管理周期及事故干预指挥系统
（Disaster Management Cycle and Incident Command System）

一、灾难管理周期

由于很多灾难来临时毫无预兆，所以当灾难发生时，受影响的地区和公众往往应对不及。作为医护人员，必须具备备灾和救灾实践层面的知识和技能。世界卫生组织（World Health Organization，WHO）于1999年提出灾难管理周期（Disaster Management Continuum）的概念（见图1.1）。灾难管理的四个阶段包括减灾期（Prevention/Mitigation）、备灾期（Preparedness）、应对期（Response）和康复期（Recovery）。

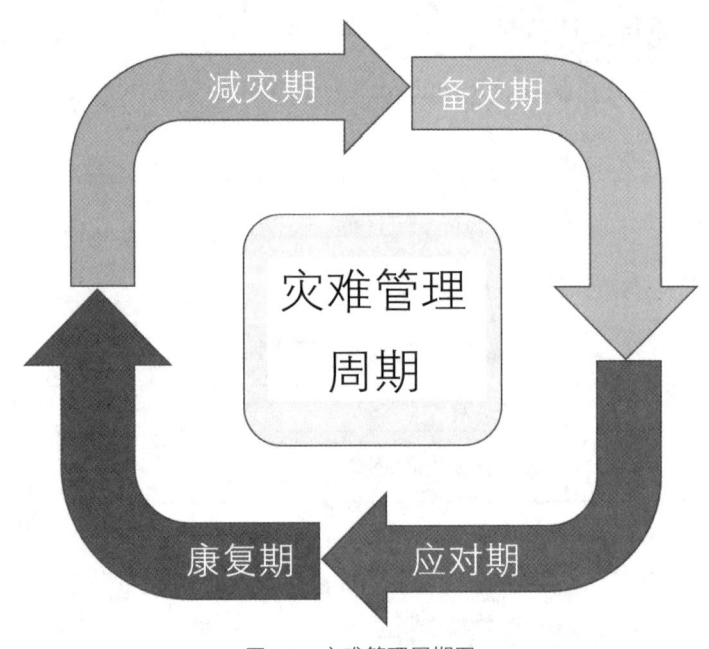

图1.1 灾难管理周期图

（一）减灾期

减灾是指认知风险和尽力应对风险，并努力减少灾难带来的危害，增加社会和公众抵御此类不可抗力事件的能力，或减少灾难对社会造成的不良影响。减灾期属于灾前阶段，旨在发现并处理一些风险因素，以减低灾难对社区建设及生命财产所造成的损坏。

（二）备灾期

备灾是指制订正式救灾计划和准备人力资源的过程，涵盖多个组成部分，包括教育培训、公共卫生资源识别和分类、标准作业程序制定、紧急救灾预案、通信计划、物资储备等。备灾期也属于灾前阶段，旨在借助培训去促进公众及救援人员灾难意识的建立，提高其应对灾难的能力。培训形式包括理论学习、实际操作、桌面演练和技能演练。

（三）应对期

应对期是指政府各责任机构和部门与地方组织等一起启动紧急救灾行动的阶段。在这个阶段，灾难实际发生，医疗应变队将对伤员进行医疗救援，而公共卫生应变队则为伤员及幸存者提供生命线服务（Lifeline Services）。

（四）康复期

康复期是指灾难发生以后的阶段。康复期的康复与重建工作包含很多方面，如实际生理需求与生理康复等，旨在协助伤员、幸存者和救援人员从灾难的影响中恢复过来。康复与重建工作的难易由灾难造成的社会影响程度决定。

二、事故干预指挥系统

政府机构在备灾阶段根据本地的灾难情况制订具有科学性和可行性的应急预案和紧急救灾计划。一旦灾难发生，应启动标准突发事件管理机制并根据灾难分级进行应对。标准突发事件管理机制的启动及实施，是在事故干预指挥系统（Incident Command System，ICS）的统筹和指挥下进行的（见图1.2）。事故指挥官（Incident Commander）是整个灾难救援的总指挥，下属三位助手（联络官、公共信息官、安全官）及四个行动小组（规划组、应对组、物流组、财务组）。三位助手各司其职：联络官（Liaison Officer）负责协调和调配物资，公共信息官（Public Information Officer）负责与媒体及公众沟通，安全官（Safety Officer）负责给出建议及开展培训，以确保救援人员的安全。四个行动小组互相协调：规划组（Planning Section）负责救援行动的具体规划，财务组（Finance/Admin Section）负责购买物资，物流组（Logistics Section）负责运输物资等后勤保障工作，应对组（Operations Section）负责实际参与救援行动。相关的管理机构应根据事故干预指挥系统的处理原则，集中规划、有序指挥，明确救援人员的角色分工，保障不同部门在事故干预指挥系统中通畅、充分、有效地协同合作。事故干预指挥系统统筹中央协调，负责调动不同队伍，以确保快速、有效地开展救援工作和公共卫生服务。事故干预指挥系统旨在加强各部门、组织间的合作，确保后勤保障和进行财务管理，最大限度地消除不可控因素，减少灾难造成的混乱。在灾难期间有很多不同专业的人员及志愿团体参与救援，如军队、警察、消防人员、救护人员、工程师、机械操作员，以及世界卫生组织、红十字会等非政府组织。如果没有ICS做中央统筹和指挥，整个救援行动会变得很混乱。

```
                    事故指挥官 Incident Commander
                              │
                              ├── 公共信息官 Public Information Officer
                              ├── 安全官 Safety Officer
                              └── 联络官 Liaison Officer
                              │
        ┌─────────────┬───────┴───────┬─────────────┐
     应对组          规划组         物流组         财务组
  Operations      Planning        Logistics    Finance/Admin
   Section         Section         Section       Section
```

图1.2　事故干预指挥系统（ICS）

事故干预指挥系统派遣救援队到达灾难现场。救援队主要包括三个小组：医疗应对小组负责搜索和救援，公共卫生应对小组提供生命线服务，精神健康小组负责提供心理急救。第一队到达现场的救援队队长自动成为现场总指挥（Site Commander）。现场总指挥首先进行现场评估，以确定事故的时间、地点、类型、危险性、伤员人数及严重程度，以及道路是否畅通、是否需要增援。接着，现场总指挥会进行灾场环境的设置，这包括热区、暖区、冷区的划分，红区、黄区、绿区、黑区的设置，以及救护车等候区及行车路线的规划等。而其他到达现场的救援队随后进行伤员的分诊救治及创伤管理。

第五节　医疗及公共卫生应对
（Medical and Public Health Response）

当灾难发生时，事故干预指挥系统会派出两个应对小组参与救援：一个是医疗应对小组（Medical Response Team），参与医疗救援；另一个是公共卫生应对小组（Public Response Team），为灾民提供生命线服务。

一、医疗应对

医疗应对（Medical Response），也称为医疗救援，通常包括以下四个步骤：搜索及救援（Search and Rescue），除污、检伤分诊及初步稳定（Decontamination, Triage and Initial Stabilization），确定性治疗（Definitive Care），以及疏散或撤离（Evacuation）。

（一）搜索及救援

1. 搜索

搜索即寻找幸存者并判断其位置，目的是为救援行动提供依据。搜索可分为人工搜索、搜寻犬搜索和仪器搜索三大类。

（1）人工搜索。人工搜索由搜索组和救援组进行，目的是迅速发现幸存者，常见的搜索方法包括地毯式搜索、旋转式搜索等。

（2）搜寻犬搜索。搜寻犬搜索是利用训练有素、嗅觉灵敏的搜救犬进行搜索，寻找被掩埋于废墟的幸存者。

（3）仪器搜索。仪器搜索是使用高科技仪器设备对认为有可能掩埋幸存者的倒塌建筑等进行搜索，以发现或定位幸存者，主要应用的仪器设备有热成像生命探测仪、声波探测仪、光学探测仪等。

2. 救援

根据以往的灾难救援经验，救援的黄金时间是灾难发生后第一个24小时，因此必须尽早尽快开展救援行动。在灾难发生72小时之后，伤员在缺水、缺粮及失救的情况下，救援的成功率明显下降。

首先事故干预指挥系统会派遣人员对灾区进行快速需求评估，以确认灾区的灾难程度、卫生服务和应变能力，然后再开展救援。救援主要分为五个步骤。

（1）封控现场。灾难事件现场将会有大量群众、亲友及志愿救助者，警戒分队应首先迅速封锁现场，疏散围观群众，划定警戒区域，避免盲目施救，并在公安、交通部门的协助下，保证现场的秩序和安全。

（2）安全评估。在封控现场的同时，由工程技术人员对现场进行安全评估，确定是否存在二次倒塌等危险的可能性，如有危险，应先排险后再计划救援行动。

（3）确定搜救方法。通过现场询问、调查等方法，了解现场的基本情况，而后采取人工搜索、仪器搜索等方法确认是否有人员生存并确定其位置。

（4）实施救援。当确认被困人员的位置后，利用救援专用设备，采取破拆、顶升等方式，创造救生通道，救出被困人员。救援时，可运用起重、支撑、破拆及其他方法使被困人员脱离险境。

（5）医疗救护。在和被困人员取得联络后即开始进行医疗救助活动，可先进行心理安慰，再根据受伤情况进行固定、包扎等医疗救护行动。此时的医疗救护可由非专业人士完成。

（二）除污、检伤分诊及初步稳定

1. 除污或洗消（Decontamination）

如果是化生放核爆（Chemical Biological Radiological Nuclear and Explosive, CBRNE）事故，应对伤员进行除污后再分诊。除污是协助受污染人员安全除去身上的污染物，以免进一步污染伤员或环境及救援人员。

（1）主要目标。除污的主要目标是保护人员和设施免受污染，协助受污染人员分诊及治疗。

（2）方法。除去伤员身上所有衣物，包括内衣裤，放入塑料袋并密封，随后用温肥皂水冲洗全身约15分钟。此外所有受污染的水也应收集起来并做适当处理。

（3）冷区及暖区的设置。发生CBRNE事故时，为避免救援人员被污染，方便对伤员的救治，需设定冷区、暖区、热区并标识。热区即CBRNE事故发生地；暖区即除污区，分隔热区及冷区；冷区即分诊区及医疗站。暖区和冷区设在热区的上风口，热区距暖区约300m，暖区距冷区约50m。

（4）个人防护装备。个人防护装备的作用是保护人体免受生物化学物质的直接伤害。可根据事件性质、严重程度将个人防护装备分为四个级别：A级个人防护装备（最高级别防护），供消防部门在热区使用；B级个人防护装备，供去污人员在暖区使用；C级个人防护装备，由负责分流和安保的人员在暖区和冷区使用；D级个人防护装备，供医疗队在冷区使用。

2. 检伤分诊（Triage）

当可用的医疗卫生资源与需求出现较大矛盾时，必须决定怎样最好地分配有限的医疗卫生资源。检伤分诊就是一种医疗卫生资源分配决策系统，其目的是用最少的资源抢救最多的伤员。发生灾难时，造成的伤亡人数超过当地卫生部门的承受能力，医疗需求与医疗资源之间存在严重的不平衡，在这种情况下，检伤分类需要决定谁得到治疗谁又暂时无法得到治疗。目前针对大批量伤员的检伤分类方法有多种，使用最广泛的是简单分诊及快速治疗（Simple Triage and Rapid Treatment，START）分诊系统。START分诊主要根据伤员的呼吸、组织灌注及意识状况将伤员分为四类：红色标伤员为危重并需要实时接受抢救的伤员（气道、呼吸、循环或意识有问题的伤员），黄色标伤员为可延迟或可等候的伤员（不能走动的轻伤伤员或非生命垂危的伤员），绿色标伤员为可走动的轻伤伤员，而黑色标伤员为已经死亡的伤员。

3. 初步稳定（Initial Stabilization）

对伤员进行检伤分诊后需要对伤员进行伤情评估及给予初步稳定措施，主要有四个步骤。

（1）初步评估（Initial Survey）。

①控制大出血（eXsanguination Control）。用眼睛扫描伤员身体出现的动脉活动式出血，采用创伤止血带扎在出血处以上3~5cm位置，并在带上标记时间，以确定其应用时间不超过2小时，防止造成患肢的永久性损伤。

②固定颈椎并检查气道是否通畅（Airway & Cervical Immobilization）。首先，应徒手固定伤员颈椎，然后检查伤员的口腔内有无异物，以及颌面部和主气管是否有可能导致气道阻塞的损伤。如果伤员能说话代表气道畅通。但如果伤员气道存在问题，应立即使用徒手法开放气道或插入气道工具，以确保气道畅通。

③检查呼吸（Breath Check）。用看、听、感觉的方法检查呼吸。看伤员面部有无发绀，是否有使用呼吸肌，用听诊器去听伤员是否有呼吸，呼吸率是否太快或太慢，两侧胸部起伏是否对称。

④检查循环（Circulation）。首先检查桡动脉和股动脉的搏动以确定伤员是否出现休克。桡动脉搏动存在表示收缩血压约为80mmHg，股动脉搏动存在表示收缩血压约为70mmHg，而颈动脉搏动存在表示收缩血压约为60mmHg。最后检查皮温及指甲充盈时

间,正常指甲充盈时间少于2秒。

⑤意识功能检查（Consciousness Check）。利用AVPU（Alert, Verbal, Pain, Unresponsive）指数评估伤员的意识水平,并检查瞳孔大小和对光反射。

⑥暴露及快速创伤评估（Exposure & Rapid Trauma Survey）。剪开伤员衣物,并进行从头到脚的全身快速检查,以免遗漏伤情。

（2）上板即走（Load and Go）。

如伤员病情不稳定,应把伤员固定于脊柱板,并将其快速转运到灾区现场建立的救治中心。

（3）进一步评估（Secondary Survey）。

在运送伤员途中,应为伤员进行进一步评估,以识别其他可能的创伤及确定伤情是否恶化。进一步评估包括：采集病史,检查生命体征,并从头到脚进行全身检查。快速的病史采集主要包括以下六个部分,英文首字母缩写为SAMPLE：体征与症状（Signs and Symptoms）,过敏史（Allergies）,用药史（Medications）,既往史/孕产史（Pertinent Past History/Pregnancy）,最后一次进食/经期（Last Meal/LMP）,导致伤害的事件（Events Leading to the Injury）。

（4）心理急救。

灾难伤员、幸存者及救援人员都有可能因灾难的刺激或长时间的高度紧张工作而出现应激障碍（Stress Disorder）,因此医护人员需向他们提供实时的心理急救。

（三）确定性治疗

根据灾难所致的伤情,在灾区的医疗站实施相应的确定性的治疗方案,如伤口清创,以降低伤员出现严重并发症的风险。

（四）疏散或撤离

重大灾难发生后,伤员多,伤情复杂,灾难现场的救治条件有限。在条件允许的情况下,应将伤员转移至医疗设备更好的医疗救治中心。其目的主要是：减轻灾区压力；为危重伤员提供更佳的医护服务；为特殊伤员提供在灾区不能开展的救护措施,如烧伤、挤压伤伤员等。在某些情况下伤员可能需要延迟撤离,其主要原因如下：伤员受污染后没有得到及时、妥善处理；伤员患某种传染性疾病；伤员病情不稳定,转运风险高。

撤离方式主要包括：汽车或救护车转运,这是最简便和迅速的方式,适用于多种情况；铁路转运,可运载较多伤员,且运行平稳；水上转运,这取决于灾场是否接近海边或河边；飞机转运,包括直升机和固定翼飞机,具有强大的机动性和快速度。飞机转运需考虑转运过程中可能出现的并发症,如高海拔的气胸、低氧血症、低体温,以及震动可能会加重不稳定性骨折的病情等。

二、公共卫生应对

公共卫生应对（Public Health Response）是指在灾后向幸存者提供关键的生命线服务，以满足幸存者水、食物、衣物、避难所、卫生、医疗/疫苗、安全、运输和通信等方面的基本需要。

（一）水、食物

根据人的基本需求，应提供每日必需的水量与食物，饮用水（干净用水）每人每日不低于2L，卫生用水每人每日不低于5L，食物热量每人每日不低于8000kJ。

（二）避难所、卫生、医疗/疫苗

提供每人3.5㎡的避难场所。根据灾情、疫情特点提供医疗救护服务，有条件时可预防性接种疫苗。

公共卫生应对小组需要进行疾病监控，并定期向事故干预指挥系统或相关感控中心报告，包括受影响地区、受灾人数和灾难严重程度、脆弱群体的的类型和数量，出现的传染病种类、发病率和死亡率等信息。公共卫生应对小组亦需要评估受灾地区的应变能力，包括：评估当地医疗和公共卫生服务的完整性和充足性，如急诊服务、住院服务、门诊服务、药房服务、公共卫生条件等；评估是否有必要联系邻近社区获取协助；联络可提供人道主义救援的非政府组织并获取其支持。

（张建娜、袁震飞）

第二章 危险品事故管理
（Hazmat Management）

现代毒理学（Toxicology）和药理学（Pharmacology）之父帕拉塞尔苏斯（Paracelsus，1493—1541）指出，所有药物皆为毒药，没有例外，毒药与治疗药物之间只有剂量的区别。毒药位列于四大危险品（易燃易爆物品、危险化学品、放射性物品和毒药）之中，为避免毒药等危险品危及人身安全和财产安全，加强危险品管理势在必行。参与灾难管理的前线医护人员，有必要懂得如何有效处理危险品。

第一节 常见危险品（Common Hazardous Materials）

危险品（Hazardous Material，Hazmat），是指易燃易爆物品、危险化学品、放射性物品等危及人身安全和财产安全的物品。危险品按国际惯例一般可分为以下九大类别：爆炸品、气体、易燃液体、易燃固体、氧化剂、毒药及感染物、辐射物质、腐蚀性物质和其他物质。专家发现，64%的危险品事故发生在固定区域内（如家中、工厂）。涉及的危险品有固体、液体和气体三种形态，其中以气体危险品的散播最迅速和广泛，伤员数目也最多。

第二节 危险品的主要特征
（Key Characteristics of Hazardous Materials）

本节将讨论何谓毒素及毒物、危险品的物理特性、危险品进入人体的主要途径，以及常见危险品的毒物效力学和毒物动力学。

一、毒素及毒物

（一）毒素

毒素（Toxin）指生物性毒素，是有机体（如蜘蛛、蛇、蝎子、植物、真菌或细菌）新陈代谢所产生的有毒物质。例如，青霉素便来自青霉菌。

（二）毒物

毒物（Toxicant）是指在一定条件下以较小剂量进入生物体后，能与生物体之间发生化学作用并导致生物体器官组织功能和（或）形态结构损害性变化的化学物，如氟化氢。

很多危险品是毒物。很多化学物品或危险品同时有几个不同名称，容易使人混淆，因此美国化学学会（American Chemistry Society）为所有的化学物品编制了统一号码，称为CAS编号（Chemical Abstracts Service Number，CAS no.）。例如，水银（汞）的CAS编号为7439-97-6。

二、危险品的物理特性

危险品有三种物理状态，分别是固体、液体和气体。

（一）固体危险品

固体危险品有固体的体积和形状，可被服食，或以粉尘的形式被吸入，或通过皮肤和黏膜被吸收。

（二）液体危险品

液体危险品有固定体积，呈流动状态且形状可被改变，可被服食、注射，通过皮肤或黏膜被吸收，或挥发后被吸入。

（三）气体危险品

气体危险品的体积和形状均可变。人最容易暴露于气体危险品中，一般受影响方式是吸入。

三、危险品进入人体的主要途径

危险品可以通过以下四个主要途径进入人体：吸入，经皮肤和黏膜吸收，服食，注射。

（一）吸入（Inhalation）

吸入在工作环境、危险品事故及火灾事故中最常发生。伤员因吸入气体、烟雾、粉尘、水雾等，将有毒物质吸进体内。最好的解决办法是使伤员远离源头，减少暴露，以减少有毒物质吸入量。

（二）经皮肤和黏膜吸收（Skin & Mucous Membrane Abosrption）

伤员可能经皮肤和黏膜吸收有毒物质。完好的皮肤是天然屏障，但不能隔绝所有有毒物质。某些物质，例如有机磷酸盐，可以轻易通过皮肤吸收，进而引起全身中毒；在炎热的环境中，皮肤的吸收能力会增加；生殖器部位吸收化学物质的速度远超过四肢；脂溶性化学物质更容易经皮肤被人体吸收；而受损皮肤更容易吸收危险物质。如有明显伤口，应缝合后再转运；发现伤员时，应使其尽快远离现场，然后进行除污：脱去伤员所有衣服并用清水冲洗；脂溶性化学物质可使用水和清洁剂清洗。

（三）服食（Ingestion）

这种情况通常发生在蓄意服毒自杀的成人或无意服用有毒物质的儿童身上。无意服用有毒物质的情况通常是进食前没有彻底清洁双手，或是食用来路不明的食物。有证据显示，消化道除污并不能降低发病率或死亡率，因此救治时应尽快明确毒物，使用拮抗剂治疗。

（四）注射（Injection）

注射包括皮下注射、肌肉注射、静脉注射三种方式。通过注射途径进入人体的有毒物质被吸收速度快，应尽快明确毒物，使用拮抗剂治疗，达到救治目的。

四、常见危险品的毒物效力学和毒物动力学

常见危险品包括刺激性气体、窒息剂、抗胆碱能类药物、腐蚀剂、碳氢化合物等。这些危险品都具有其独特的毒物效应动力学（Toxicodynamics）和毒物动力学（Toxicokinetics）性质。毒物效应动力学是指该危险品对机体（如人体）的细胞及分子产生了何种不良的作用。毒性取决于剂量、浓度、暴露持续的时间。而毒物动力学是指伤员身体如何对毒物进行吸收（Absorption）、分布（Distribution）、代谢（Metabolism）和排泄（Elimination）。吸收是指毒物通过肺、皮肤、黏膜、肠道等被吸收。分布是指危险品一旦被人体吸收，便会进入体内不同的组织中，组织再将某些物质输送到大脑、骨骼（如重金属）和神经系统（如有机磷酸盐、杀虫剂）等。代谢是指危险品在人体的主要器官（如肝、肾和肺）中被分解的过程。排泄是指人体将分解后的危险品排出体外的过程。人体可经呼吸由肺部清除几乎所有有毒气体和蒸气，因此足够通风的环境非常重要。伤员在转运至安全地带的过程中应持续吸氧，抵达安全地带后应被安置在通风的环境中，以利于废气排出。肝脏和肾脏的代谢也十分重要，能有效清除体内的毒物。正确使用拮抗剂、24小时持续水化治疗可帮助伤员快速排泄。

第三节　危险品事故管理的相关要素
（Relevant Elements of Hazmat Accident Management）

一、危险品事故的管理原则

（一）有效沟通，启动救援系统

事故发生后，应立即启动事故干预指挥系统。消防部门和急救医疗部门作为首要响

应单位，应同时被动员。大型医疗中心、事故发生处就近点医院应作为第一接收单位，参与转运与救治伤员。同时启动毒物处理中心，准备分析毒物，提供解毒剂或拮抗剂。

（二）注意救援人员的防护

根据事故中不同性质的危害因素，救援人员应采用不同方法，保护自身机体免受伤害。个体防护装备分为三类和四级。三类包括皮肤防护装备、呼吸防护装备和配套防护装备。四级防护则分为A级、B级、C级和D级。

（三）防止二次污染

应立即封锁污染点（热区），设立除污区（暖区）和分诊及治疗区（冷区）。

（四）降低发病率和死亡率

依据伤员的具体情况，实施包括洗消、伤情分类、现场救治、迅速转运和针对性治疗等在内的一系列救治措施，以最大限度地降低发病率和死亡率。

二、评估危险品事故的特征

运用6W（Who，What，When，Where，Why，hoW）分析法评估危险品事故的特征（见表2.1）：

表2.1 危险品事故的特征的6W分析法

Who：谁暴露于危险品中？	伤员、幸存者（旁观者）、医务人员
What：是什么危险品？	什么形式：固体、气体、液体 什么种类：刺激性气体、窒息剂、腐蚀剂、碳氢化合物、卤化碳氢化合物
When：是什么时候发生的？	暴露的时间段及持续时间
Where：是在哪里发生的？	在固定设施内或是交通事故地点
Why & hoW：为什么及怎么发生的？	碰撞、爆炸、火灾、溢出、泄漏、破坏活动、恐怖袭击

三、易发生危险品事故的地点

任何事故的发生都有特定的环境和条件。以常见危险品为例，危险品事故多发生于固定场所（总占比64%）：其中工作场所占36%，家中占20%，其他固定场所内占8%。在非固定场所，危险品相关的交通事故占所有事故的36%。而这其中涉及大量伤员的事故通常是由于伤员暴露于空气（气体、蒸气或气溶胶）中引起的，有毒物质在空气中散播迅速，使大量人员受害。

四、对事故现场管制区的管理

事故发生后,应立即将事故地点设立为受限制区域,即热区。该区域为污染区域,严格限制人员出入。将事故指挥中心及伤员救治区域设立为正常活动区域,即冷区。该区域为未被污染的人群区域。冷区应选在热区的上风口(即背风处),以免受污染。热区和冷区之间为幸存者、救援人员、救援设备除污的区域,即暖区。暖区与热区间隔300m,与冷区间隔50m(见图2.1)。

热区
热区暖区间隔300m
暖区
暖区冷区间隔50m
冷区

风向 ↑

图2.1 事故现场区域设置

五、事故现场个人防护装备

个人防护装备(Personal Protective Equipment,PPE)作为专业装备,可为救援和医护人员提供足够的防护,避免其遭受二次污染。个人防护装备的选择依据事故现场情况以及使用者的训练水平而定。进入事故现场中心的救援人员所需防护级别要高于照顾感染病人的医护人员。化生放核爆灾难事故的个人防护装备可分为四级(见表2.2)。

表2.2 个人防护装备级别

级别	呼吸装置	可用于隔离	皮肤保护服	适用区域
A	SCBA	气体、烟雾、气溶胶、缺氧的区域	烟雾防护、完全密封、防化服	热区(事发区)
B	SCBA/SAR	气体、烟雾、气溶胶、缺氧的区域	防液体飞溅防护服	暖区(除污区)
C	APR	部分烟雾和气溶胶	连帽的、防液体飞溅防护服	冷区(分诊区)
D	N95	不能用于隔离	手术衣或标准防护服、面罩	冷区(医疗站)

- ◎ A级个人防护装备:完全密封式化学防护服装,配备自助式呼吸器(Self Contained Breathing Apparatus,SCBA),对呼吸道、眼及皮肤提供最高级别的保护,适用于在热区有暴露危险的救援人员。
- ◎ B级个人防护装备:非完全密封式化学防护服装、手套和靴子,配备自助式呼吸器或正压自给式呼吸器(Supplied Air Respirator,SAR),适用于在暖区进行除污工作的救援人员。

◎ C级个人防护装备：完全密封式化学防护服装，配备空气净化呼吸器（Air Purifying Respirator，APR），适用于在冷区进行检伤分流的医护人员。

◎ D级个人防护装备：手术衣或标准的个人防护装备，配备N95口罩、乳胶手套、鞋套，适用于在冷区提供医疗服务的医护人员。

六、需要接受除污的人群

在危险品事故发生时，可能会出现警告信号，如特殊气味或气体刺激眼睛和呼吸道。但仅依靠嗅觉来检测危险品是不可靠的，因为长时间暴露后人的嗅觉辨识能力会下降。长时间暴露在同一环境下，人体会失去对某种气味的辨别能力，出现嗅觉疲劳。

暴露在相应事故环境中的75%的伤员可能有外伤、烧伤或本身患有疾病（如哮喘、慢性阻塞性肺疾病或冠状动脉疾病等）。这些伤员由于危险品的影响，而面临更高的发病风险和死亡率。即使危险品事故没有造成大量伤亡，伤员也往往至少同时兼有外伤（由车辆碰撞、爆炸或烧伤引起）和中毒两种情况，救援人员在救援过程中应同时处理伤员的创伤和中毒问题，以免增加伤亡。其中，只接触到气体的伤员一般不需要进行除污；受有毒物质直接污染的人需要除污，有液体或固体有毒物质黏附于身体表面者需要除污，有明显伤口者需要除污。在除污前应去掉衣服和随身物品等，在除污中应注意避免发生低温症。

七、危险品事故伤员的医疗处理

危险品事故伤员医疗处理流程包括除污、基本检查与复苏、从头到脚进一步检查、中毒处理四个步骤。

（一）除污

1. 皮肤污染

吸入有毒气体/蒸气者无须进行皮肤除污，曾接触固体和液体危险物质者则必须进行皮肤除污。除污前应脱去所有衣服并取下随身物，用清水冲洗15分钟（若污染为脂溶性毒物可添加洗涤剂进行冲洗），留意皮肤褶皱、腋窝、腹股沟等容易忽略的地方。冲洗过程中应尽量避免出现低温症，在冬季尤其应当注意。

2. 眼睛除污

在送至医院途中，应持续进行眼睛冲洗。在实际操作中要注意先摘下隐形眼镜，以便冲洗眼睛。使用清水冲洗眼睛，直至其pH值恢复至正常范围。通常使用大量流动清水（11L水）冲洗，或2小时内持续同时冲洗两只眼睛。

（二）基本检查与复苏

1. 控制大出血（eXsanguination Control）

找出有活动性动脉出血的受伤位置，采用创伤止血带进行止血。

2. 气道处理＋固定颈椎（Airway＋Cervical Immobilization）

固定头部，检查气道是否通畅。如气道通气困难，则放置气管内导管，确保呼吸通畅；不能插管者，应进行环甲膜切开术，以保持呼吸通畅。

3. 呼吸处理（Breathing）

有自主呼吸者，给予高流量氧气面罩吸氧；无自主呼吸者，进行气管插管并给予100%氧气辅助通气。

4. 循环处理＋控制出血（Circulation＋Bleeding Control）

可扪及脉搏搏动者，检查脉搏搏动速度、皮温及指甲充盈。如脉搏过快并加上皮肤湿冷和指尖充盈超过2秒，提示有休克，需滴注生理盐水；不能扪及脉搏者，根据心肺复苏指南（AHA）准则进行心肺复苏（具体操作视现场伤员的数量决定）。

5. 评估神经功能缺损（Disability）

运用AVPU昏迷量表检查伤员神经功能状况，如发生痉挛抽搐等，静脉滴注安定。

6. 暴露伤员＋全身快速检查（Exposure＋Rapid Trauma Survey）

脱去所有衣物后进行除污，检查全身的所有可能创伤。

（三）从头到脚进一步检查（在转运途中进行）

1. 获取SAMPLE病史

体征与症状（S＝Signs and Symptoms）：寻找伤员是否有中毒的症状，例如呼吸困难、皮疹、恶心和呕吐。

过敏史（A＝Allergies）：确定伤员是否对某种药物过敏或有不良反应。

用药史（M＝Medications）：问伤员是否正服用某种药物，以了解其潜伏和已存在的疾病。

既往史/孕产史（P＝Pertinent Past History/ Pregnancy）：确认伤员既往健康状况和曾经患过的疾病，包括各种传染病史、外伤史、手术史、预防接种史，特别是与目前救治状况关系密切的疾病；若为女性伤员，确定伤员是否有孕产史。

最后一次进食/经期（L＝Last Meal/LMP）：确认伤员最后一次进食（饮）的时间及食物种类等具体情况；若为女性伤员，确认伤员最后一次月经的时间。

导致伤害的事件（E＝Events Leading to the Injury）：确认危险品事故是由什么事件引起的。

2. 从头到脚评估

（1）气道。识别能引起气道问题（如刺激、炎症、水肿或化学灼伤）的中毒综合征（Toxidrome），包括刺激性气体（氨、甲醛、氯化氢、二氧化硫）引起的中毒综合征，以及腐蚀性物质（盐酸、硝酸、硫酸、氢氧化铵）引起的中毒综合征。

（2）呼吸。识别能引起呼吸系统问题（如呼吸困难、胸部疼痛、呼吸短促）的中毒综合征，包括刺激性气体（氯气、光气、二氧化氮）引起的中毒综合征，以及使人窒息的气体（一氧化碳、氰化物）引起的中毒综合征。

（3）循环。识别能引起循环系统问题（如心律失常、氧运输干扰）的中毒综合征，包括使人窒息的气体（丙烷、一氧化碳）引起的中毒综合征、腐蚀性物质（盐酸）引起的中毒综合征，以及烃（如汽油）引起的中毒综合征。

（4）意识。识别能引起神经系统问题（如木僵、昏迷）的中毒综合征，包括胆碱（如有机磷）引起的中毒综合征，以及烃（如丙烷）引起的中毒综合征。

（5）消化系统。识别能引起消化系统问题（如肠胃炎、呕吐）的两类中毒综合征。①胃肠问题：肠胃炎、呕吐（有机磷）。②肝脏问题：肝中毒（四氯化碳）。

（6）皮肤如黏膜。识别酸、碱、氧化剂和白磷等引起皮肤和黏膜问题的中毒综合征，如化学品烧伤。

（四）中毒处理

一旦发现伤员出现中毒综合征，应立即实施以下五个处理步骤：减慢吸收、基本ABCDE评估、加速分解、加速移离、加速排出。

1. 减慢吸收

为了有效减慢毒物的吸收速度，表2.3列举了根据不同的中毒途径推荐的除污方法，这些方法有助于防止毒物继续通过呼吸、皮肤、黏膜等途径被身体吸收。

表2.3　常用的除污方法

吸收途径	除污方法
吸入	将伤员搬离暴露的环境，保持良好通风或吸氧
经皮肤和黏膜吸收	将伤员搬离所接触的物质，脱去衣物，用水擦拭或冲洗
服食	阻止进一步的消化吸收，但目前没有有效的肠道除污药剂
注射	冲洗伤口表面

2. 基本XABCDE评估

定时进行基本XABCDE评估：

X＝控制大出血。

A＝气道处理＋固定颈椎。

B＝呼吸处理。

C＝循环处理。

D＝评估神经功能缺损。

E＝暴露伤员＋全身快速检查。

3. 加速分解

在明确有毒物质后，立即给予解毒剂，分解有毒物质。但只有少数有毒物质有解毒剂，因此救援的原则是先提供生命支持。常见的毒物和解毒剂见表2.4。

表2.4 常见的毒物和解毒剂

毒物	解毒剂
有机磷酸酯	阿托品
氢氟酸	葡萄糖酸氯己定
氰化物	亚硝酸戊酯

4. 加速移离

对于没有特效解毒剂的毒物，一旦确认中毒物质，应采取措施加速排出毒素，例如增加氧气以加快一氧化碳的排出。

5. 加速排出

采用各种方法将毒物排出体外，如采用呼吸机增加排气，采用利尿剂增加排尿，采用轻泻剂增加排便。

（陈璇、赵静）

第三章　创伤管理
（Trauma Management）

创伤是一种由于物理力量突然增加而导致的身体伤害。随着工业、农业、交通运输业、建筑业等行业的发展，创伤发生率逐年上升。创伤已经成为社会一个主要高风险因素。

常见的创伤包括交通事故、高空坠下、枪伤、刺伤、爆炸伤及烧伤等。据世界卫生组织统计，道路交通伤不断增多是造成全球各种创伤致死人数增加的主要原因之一。此外，在全球因致死致残造成的社会负担排名中，道路交通伤也位居前列。创伤在国外是1~44岁人群主要的意外死亡原因，我国的创伤致死人数也众多。伤员往往因创伤遭受巨大的身心痛苦，进而增加社会资源的消耗。

创伤应急救护的院前急救由专门的现代急救医疗队（Emergency Medical Team，EMT）负责。根据急救医疗队急救医疗系统（Emergency Medical System，EMS）的训练及水平将其分为初级、中级和高级三种等级，进行不同层次的急救。不同国家的急救医疗系统不完全一样。

由创伤引起的死亡通常有三个高峰期。第一个高峰期出现于意外发生后数秒至数分钟内，幸存者极少。而第二个高峰期则出现在意外发生后数分钟至数小时内，这段时间被称为救援的"黄金时段"，因为如果伤员在其间得到及时、恰当的治疗，事故死亡率会大大降低。高级创伤护理是应对第二个死亡高峰期而产生的急救技术。参与灾难救援的医护人员需要学习和掌握高级创伤护理技术。第三个高峰期可发生于意外后的数日至数周内。此类死亡的原因多为创伤引起的院内后期并发症。此时期伤员的死亡率高低主要取决于前两个高峰期的处理是否及时、适当及有效。

第一节　创伤的概念（Concept of Trauma）

创伤通常是指物理力量突然加强，并将能量传给人体后所造成的损伤。它具有以下四个特点。一是悠久性：自人类诞生之日就开始出现创伤。二是广泛性：人在一生中无不例外地都会遭受程度不同的创伤。美国著名外科专家A. J. 沃尔特（A. J. Walt）曾说过：如果缴税和死亡是人生逃脱不了的两件事，那么第三件事就是创伤了。他还说：即使其他的外科疾病都能被攻克，创伤依然会存在。三是现代性：随着社会的进步和经济的发展，人员往来增多，车辆剧增，建筑业迅速发展，导致交通伤、工伤等创伤发生率不断增高。创伤在现代社会成了"发达社会的疾病"和"现代文明的孪生兄弟"。四是可防性：从总体而言，通过采取各种相应的预防措施，如加强安全教育，正确使用安全防护装备，分开修建机动车、非机动车和行人的道路，制定并严格执行交通法等，创伤是可以大幅度减少的。

第二节 高级创伤护理的起源及发展
（Origins and Development of Advanced Trauma Care）

高级创伤护理指的是专门针对严重和致命性创伤的急救护理技术。其产生可追溯到1976年在美国发生的尼巴斯赫（Nebraska）事件。1976年2月，一位美国骨科医生在驾驶私人飞机和家人度假时，飞机不慎在美国尼巴斯赫的一块麦田撞毁。在这次意外中，这位医生和他的几位子女均严重受伤，他的妻子不幸死亡。事后，这位医生认为他和他的家人在意外当天所接受的创伤急救治疗极为不足，认为当时处理创伤的急救医疗系统存在错误并亟待改变。基于此，他在康复后连同一些专家开始研究并最终建立了一套有效的创伤处理模式。1978年，第一个高级创伤生命支持术（Advanced Trauma Life Support，ATLS）训练课程顺利开设。而后其他与创伤有关的高级创伤护理课程亦陆续开设，其中包括高级创伤护理课程（Advanced Trauma Care for Nurses，ATCN）、创伤护理核心课程（Trauma Nursing Core Course，TNCC）、院前创伤生命支持课程（Pre-hospital Trauma Life Support，PHTLS）及国际创伤生命支持课程（International Trauma Life Support，ITLS）。这些创伤管理课程强调，在创伤意外发生后施行适当与及时的创伤处理，能有效地提高对创伤伤员的急救成效。目前很多亚洲国家和地区也相继开设了高级创伤急救训练课程，旨在提升处理创伤的能力，减少因严重创伤导致的并发症和降低死亡率。

第三节 创伤所致死亡的三个高峰期
（Three Peaks of Trauma Mortality）

研究显示，严重创伤伤员的死亡通常出现在三个高峰期。

一、第一个高峰期

创伤所致死亡的第一个高峰期发生在创伤发生后数秒至数分钟内，此时段内创伤所致死亡人数占创伤死亡总人数的50%。死亡的原因包括脑部、脊椎、心脏、主动脉及其他大血管的严重创伤或严重撕裂等。大部分伤员会在意外发生后数秒至数分钟内死于现场，只有极少数人能在这些情况下幸存，一般救援队也无法及时赶到现场给予救治。研究指出，预防意外发生是减少此类严重创伤所致死亡的唯一方法。

二、第二个高峰期

创伤所致死亡的第二个高峰期可出现于严重创伤发生后的数分钟至数小时内。此类死亡被称为早期死亡，其人数占创伤死亡总人数的30%。此类死亡的原因包括硬膜下血肿、血气胸、脾破裂、肝脏裂伤、骨盆骨折及多处受伤并有明显失血等。这段时期被称为救援的"黄金时段",原因在于如果伤员能在其间得到及时且适当的治疗,其死亡率将会大大降低。高级创伤管理就是致力于降低第二个高峰期的死亡率。

创伤复苏针对创伤后第二个高峰期内的危重创伤伤员。救援人员应在创伤发生后的"黄金1小时"内抵达现场,并在"白金10分钟"内完成对伤员的评估和初步处理,然后迅速将伤员送至医院进行进一步治疗,以提高伤员的康复概率。

三、第三个高峰期

创伤所致死亡的第三个高峰期一般出现于事故后的数日至数周内,此时段内创伤所致死亡人数占创伤死亡总人数的20%。此类死亡的原因多为创伤引起的院内后期并发症,如脓毒症(Sepsis)和多器官功能障碍(Multiple Organ Dysfunction Syndrome,MODS)。此时期伤员的死亡率高低主要取决于前两个高峰期的处理是否及时、适当及有效。

第四节　创伤机制(Mechanisms of Trauma)

根据牛顿第一运动定律(Newton's First Law of Motion),除非有外力施加,否则物体的运动速度不会改变。假设没有任何外力施加或所施加的外力之和为零,则运动中物体总保持匀速直线运动状态,静止物体总保持静止状态。这种运动惯性定律也被应用在创伤的机制上。例如,一辆汽车以100km/h的速度行驶,突然撞上一棵树停下来。但车内的人没有停下来,并同样以100km/h的速度向前冲而导致受伤。

动能(Kinetic Energy,KE)=$1/2mv^2$(m是质量、v是速度),而v(速度)是决定动能大小的主要因素。动能越大,创伤所产生的伤害就越大。根据能量守恒定律(Law of Conservation of Energy),能量不会凭空消失,只会转移。所以汽车碰撞上一棵树后,汽车的动能会转移到树木上导致树木折断,然后动能会转移到汽车上导致汽车损坏,接着动能会再转移到汽车内的人员身上导致人体受伤,最后动能会再转移到人体内的器官导致器官受损(如脑出血)。

碰撞所导致的创伤严重程度,取决于撞击点的密度高低和表面面积大小。

一、撞击点密度高低与所导致的创伤

撞击点密度高的物品(如石头)所导致的创伤程度较撞击点密度低的物品(如海绵)更严重。

二、撞击点表面积大小与所导致的创伤

撞击点表面积大的物品(如钝器)所导致的创伤范围较大,伤口较浅,产生钝挫伤(Blunt Injury)(如石头所产生的挫瘀伤);表面积小的物品(如刀、子弹)所产生的

创伤范围较小，伤口较深，产生穿刺伤。

更为常见的钝挫伤包括车祸伤、高坠伤、爆炸伤和其他伤（如暴力伤、运动伤）等。

（1）车祸伤。车祸碰撞可分为正面碰撞、后面碰撞和侧面碰撞，所致创伤的位置也不同。正面碰撞车祸：伤员的头部可能会因撞到挡风玻璃，胸部可能会因撞到汽车的方向盘、驱动面板以及自己的膝盖而受到创伤。后面碰撞车祸：伤员的颈部可能会受伤。侧面碰撞车祸：伤员受碰撞一侧的头颈、胸腹、脊椎、骨盆和手脚都可能受伤。

（2）高坠伤。高处坠下的受伤位置取决于身体哪个部位（如头部、脚部）首先着地。如果高处坠下的高度达到伤员身高的3倍，伤员可能会受到较严重的创伤。

（3）爆炸伤。当遇到爆炸事故，伤员可能会同时受到以下几种创伤：①第一类受伤——由爆炸波引起的肺部、大肠及耳膜受伤；②第二类受伤——被碎片击中造成的伤害；③第三类受伤——被爆炸波的气压抛到远处导致的坠地伤害，如骨折；④第四类受伤——被抛至远处的坠地区域可能有危险，如火灾地点。

第五节　创伤管理的原则（Principles of Trauma Management）

灾难创伤管理的目标是尽最大的努力去救尽可能多的人。因此，当灾难发生并出现大量伤员时，救援队在人力和物力有限的情况下，将优先抢救仍有生命迹象的伤员，而不会尝试救助已无心跳的伤员。

处理严重创伤伤员的原则跟处理一般疾病患者的原则不同。处理严重创伤伤员的原则主要包括：

（1）首先处理可导致死亡的创伤。导致伤员快速死亡的创伤按危重程度依次为气道阻塞、呼吸窘迫、休克、颅内出血。因此，在处理时会先处理致命的创伤（如大出血），再处理其他较轻微的伤势，如骨折、出血等。

（2）即使伤员的诊断尚未明确，也应首先进行紧急治疗以防止情况恶化，然后再查找原因。

（3）在尚未了解伤员详细病史时就要对严重创伤伤员施行全身评估及抢救，以挽救更多伤员的生命。

创伤管理包括以下三个重点。

◆现场评估；

◆START分诊；

◆早期伤员创伤评估。

一、现场评估

救援人员到达事故现场后，首先必须确保自身安全，排查周围是否有火灾、危险品（如爆炸品或有毒物质）、洪水、交通隐患（交通是否流畅，是否处于瓶颈区域，是否

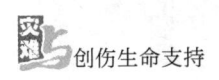

处于下坡地势）、恶劣天气带来的隐患（雨、雪、雾导致的视线不佳）和武器威胁（若存在暴力风险，则等待警察或军队控制情况后再进行救援）的威胁。在进行初步现场评估后，救援队需向总部汇报以下几方面的情况：是否需要增援、受伤类型、受灾人数、需要哪种额外的人力支持和设备增援。

二、START分诊

若有大量伤员，先用START分诊法进行快速处理，再对伤员进行初步评估。

START是指简单分诊与快速治疗（Simple Triage And Rapid Treatment）。先让能行走的轻伤伤员走到一旁（绿色代码，Green），再以呼吸（Respiration，R）、灌注（Perfusion，P）及意识（Mental，M）为参照标准把伤员分诊为以下三个类别：严重并需实时抢救（红色代码，Red），可延迟（轻伤）或等候（垂死）（黄色代码，Yellow），以及已经无脉搏/死亡（黑色代码，Black）（见图3.1）。

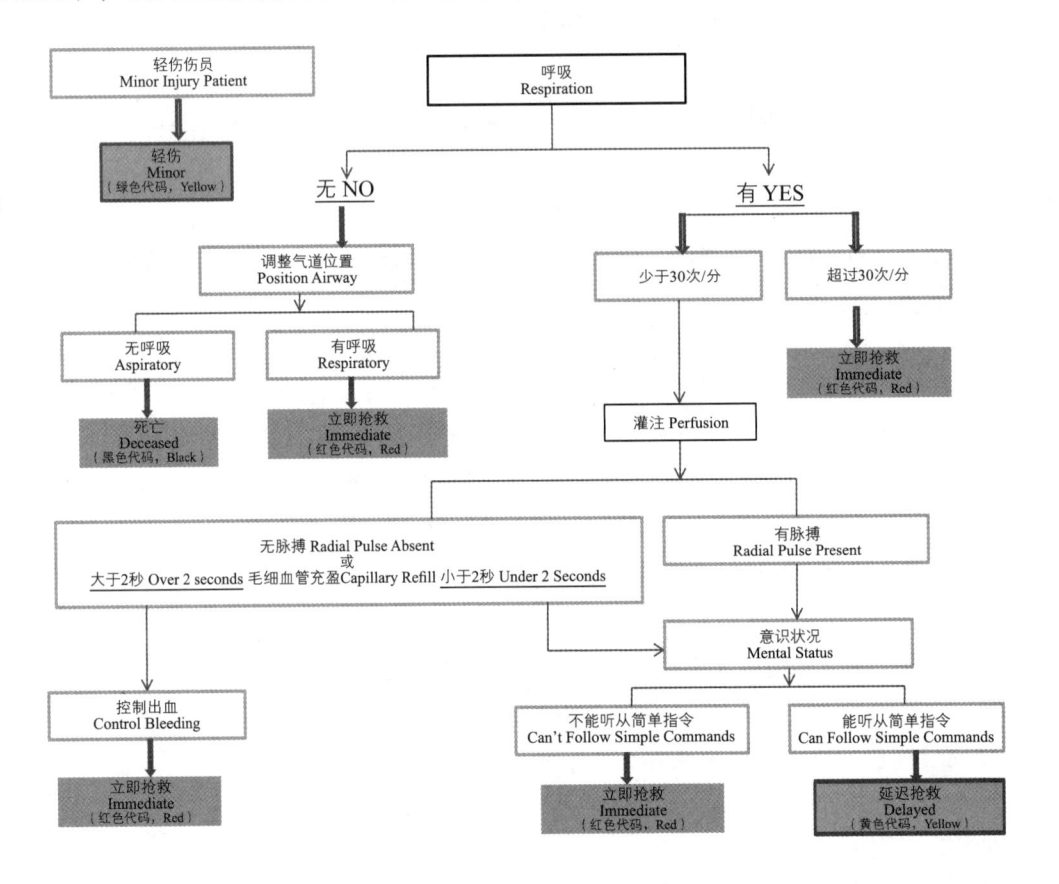

图3.1　START分诊法

三、早期伤员创伤评估

早期伤员创伤评估可采用以下流程，见表3.1。

表3.1　早期伤员创伤评估流程

阶　　段	内　　容
基本评估 Primary Survey （在现场）	目的：找出并处理致命创伤 X＝控制大出血 A＝气道处理并固定颈椎 B＝呼吸处理 C＝循环处理 D＝评估神经功能缺损 E＝暴露伤员并进行全身快速检查
	若伤员情况危重或不稳定，上板即走。（Load & Go）
进一步评估 Secondary Survey （救护车中）	目的：找出并处理其他受伤点 SAMPLE病史 生命体征 气道、呼吸、循环（ABC）＋格拉斯哥昏迷量表（GCS）＋全身检查 报告：MIVT Mechanism＝受伤机制 Injury＝受伤情况 Vital signs＝重要生命体征 Treatment given & Time of arrival＝已给予的治疗和预计到达时间
持续性检查 Ongoing Assessment （救护车中）	目的：确认伤员是否伤情恶化 对危重及不稳定伤员，每5分钟检查一次 对轻伤及稳定伤员，每15分钟检查一次 气道、呼吸、循环（ABC）＋格拉斯哥昏迷量表（GCS）＋全身检查

（一）基本评估（Primary Survey）

1. 控制大出血（X: eXsanguination Control）

（1）评估。扫描伤员全身，找出活动性动脉出血位置。

（2）处理。用眼睛扫描找出伤员肢体发生的动脉活动式出血，使用创伤止血带绑扎在出血处以上3～5cm的位置，并在带上记下时间，以确认其使用时间未超过2小时，防止患肢发生永久性损伤。如果出血持续，再另外加用一条创伤止血带。如果出血部位在肩膀、腋下或腹股沟，需要使用交界性止血带（Junctional tourniquet）。

2. 气道处理并固定颈椎（A: Airway Control with Cervical Spine Immobilization）

（1）评估。在处理所有创伤伤员时，首先要维持伤员气道通畅并评估是否有气道阻塞。在处理过程中，应预设所有创伤伤员可能有颈椎损伤，使用头锁（Head Grip）方法固定其颈椎，以防加重伤情。

（2）处理。若是未昏迷的伤员，首先让一名队员固定其颈椎，接着再让一名队员在伤员视线范围内向伤员问话："您还好吗？能否张开嘴？最痛的地方在哪里？"若伤员能听从语音指示回答，则初步排除气道阻塞的可能性。若是昏迷的伤员，首先由一名队员用双手固定伤员的头部及颈部，然后由第二名队员用"双手抬颌法"开放伤员的气道以检查呼吸，如有需要则进一步清除伤员口腔内异物。用视、听、触三个方法来检查伤员是否有呼吸。如果伤员处于昏迷状态但能呼吸，可放入口咽管以增加气道畅通程度；如果伤员处于半昏迷状态并有张口反应，应该选用鼻咽管，以防止刺激伤员喉部，导致呕吐。在保持气道畅通后，应给伤员安置颈托以加强对颈椎的固定及保护。如果简单的人工气道无效，可对伤员采取一些高级气道保护法，如插入气管内导管。如果插管失败可考虑采用环甲膜切开术。

3. 呼吸处理（B: Breathing Control）

（1）评估。

视——观察伤员，若嘴唇发绀，应立刻给予氧气面罩吸氧，并评估其呼吸形态是否有异常，是否使用辅助呼吸肌呼吸。

听——使用听诊器听诊胸部两侧呼吸音及是否对称，正常的呼吸速度应该为12～20次/分，评判是否呼吸过慢（<10次/分）或过快（>30次/分），有无湿啰音、喘鸣和喘息。

触——感受伤员是否有皮下气肿（Subcutaneous Emphysema）。

（2）处理。

如伤员有缺氧症状，应立即给予吸氧，如呼吸停顿，应立即对其施行人工呼吸。可应用口对面罩（Mouth to Mask）人工呼吸法或使用简易呼吸器等进行辅助通气，以确保伤员能维持足够的氧合及通气。如发现有张力性气胸，应施行针刺胸腔减压法，以降低胸腔内压力并减少由此引发的并发症，如呼吸窘迫、缺氧、血压低等；然后再替伤员插入常规胸管以排出胸腔内气体；同时也应进行指脉氧饱和度（SpO_2）及呼气末二氧化碳分压（$PetCO_2$）的监测，以确保伤员能维持足够的氧合及有效通气。

4. 循环处理（C: Circulation）

（1）评估。

检查出血点——首先观察伤员全身是否有明显出血点，并迅速进行包扎处理。

检查脉搏——检查伤员是否有脉搏并检查其脉率是否有异常，正常的脉率应该为60～100次/分。用双手同时检查伤员颈动脉和桡动脉，若颈动脉搏动能触及、桡动脉搏动不能触及，则进一步检查伤员股动脉。能触及桡动脉搏动表示收缩压最少有80mmHg，能触及股动脉搏动表示收缩压最少有70mmHg，能触及颈动脉搏动表示收缩压最少有60mmHg。

检查皮肤温度——用手背触及伤员四肢皮肤，感觉皮肤颜色及温度是否有异常。

检查指甲毛细血管再充盈时间——按压伤员指甲盖然后放开，指甲盖由白色恢复红润的时间超过2秒说明外周灌注不足／休克。

（2）处理。

如伤员脉搏停顿，施行胸外心脏按压法及人工呼吸（根据现场伤员人数而定）。如果伤员有脉搏但血压偏低，应以14G大口径的静脉导管建立静脉通道以便进行快速输液。可选择输液的种类包括：2L晶体液，如生理盐水；1L胶体液，如代血浆；1～2L乳酸林格氏液。输液后应再检查脉搏及血压，以评价疗效。如到达医院，应采集伤员的血液样本送检，做常规的血液分析，如红细胞分析、血气分析、血型测定及配血等。观察伤员是否有外出血，如有外伤及严重出血应立即施行直接压力以止血，如有需要应给予输血。如估计伤员有内出血，应立即通知外科医生，看是否需要进行手术来止血。如有需要（如骨盆骨折），可使用骨盆固定带（pelvic sling）或气压式抗休克外套（PASG）以控制严重出血及其引发的休克。

5. 评估神经功能缺损（D: Disability）

（1）评估。

在伤员气道、呼吸及循环问题得到有效控制后，应立即开始评估伤员是否存在神经功能缺损或障碍。基本的神经功能评估可包括清醒程度及瞳孔反应。评估伤员的清醒程度可应用"AVPU法"或格拉斯哥昏迷量表（GCS）。AVPU法是指：A=Alert，伤员是完全清醒的；V=Verbal，伤员对说话刺激才有反应；P=Pain，伤员对疼痛刺激才有反应；U=Unresponsive，伤员对任何刺激都没有反应。而评估神经功能的另外一个基本方法是评估伤员双侧瞳孔的大小、是否等大及对光的反应。扩大的瞳孔反映了同侧脑部出血或受损。如果伤员的清醒程度较低，瞳孔大小不一，对光反应迟钝，则提示伤员出现脑部伤患，如脑出血或脑水肿。

（2）处理。

观察伤员是否存在脑压增高的症状，如存在应进行静脉输液以保持其收缩压高于100mmHg，并把伤员尽快送至医院。到达医院后应立即通知脑外科医生，以确定伤员所需的进一步检查及处理，如进行脑部CT扫描、进行脑外科手术等。其他辅助性的初步检查包括检查动脉血气、呼气末二氧化碳分压、心电图、血氧饱和度及血压，插入导尿管以观察尿量，插入鼻胃管以引流胃液。亦应确定伤员是否需要做X线（肺、骨盆、颈椎）、诊断性腹腔穿刺灌洗及腹部超声等检查。

6. 暴露伤员并进行全身快速检查（E: Exposure）

当严重创伤伤员的大出血、气道、呼吸、循环及神经功能方面的问题得到控制并情况稳定后，即应开始第二阶段的检查及处理。在为伤员做全身快速检查前，应先把伤员身上所有的衣物除去，以防止在检查时遗漏一些可能受伤的部位，如背部。

在进行全身检查时，需特别注意保持伤员体温，以免其体温过低。要防止在暴露伤员做全身检查的过程中使伤员体温下降，所以应向伤员提供相关保暖的设备，如被单或电暖器等。

（1）头部。运用头锁手法固定伤员头部，检查是否存在伤口、骨折或脑脊液从鼻孔或耳道渗漏。

（2）颈部。轻柔按压伤员颈部评判是否有肿胀，用中指放在气管上评判是否塌陷（由出血导致的低血容量）或怒张（因张力性气胸或心包填塞所致）（检查颈部后便可放上颈托）。

（3）胸部。轻轻按压锁骨、胸骨、肋骨，确认是否有压痛，同时观察胸部是否有连枷胸、呼吸异常。如发现有张力性气胸，应立即进行针刺减压。

（4）腹部。按压腹部四个象限，判断有无腹壁紧张、压痛和膨隆。如怀疑有腹部内出血，上救护车后应立即开始输液并尽快送医院。

（5）骨盆。进行骨盆挤压分离试验，检查是否有骨折摩擦音，若有则使用骨盆带固定。

（6）四肢。评估四肢是否存在伤口、骨折，感受四肢的脉搏、皮温、触觉和末梢循环。若有出血，立即使用绷带或止血带止血。

（7）背部。许多调查显示，在检查创伤伤员时，往往容易忽略伤员背部。伤员背部如果存在被忽略的出血伤口，可能会导致致命性后果。所以在检查完伤员身体各部位后，应召唤足够人手协助伤员进行同轴翻身（log rolling）以检查其背部有无受伤。完成背部检查后便应立即决定，确定是否对伤员实施上板即送走（load and go）。

（二）进一步评估（Secondary Survey）

在将伤员转运至救护车并开始向医院转运的过程中，救援队员应开始进行进一步评估。一名救援队员负责监测并记录伤员的生命体征（血压、脉搏、呼吸、体温、血氧饱和度），必要时使用心电监护仪；另一名救援队员负责收集SAMPLE病史（见表3.2）。救援队队长应重新对伤员进行以下检查：气道、呼吸、循环（ABC）+格拉斯哥昏迷量表（GCS）+全身检查。这些资料能帮助队长更准确地诊断或判断伤员的受伤程度，以便为伤员提供最快速及最适当的治疗和护理。

表3.2　SAMPLE病史

S＝Signs and Symptoms	体征与症状
A＝Allergies	过敏史
M＝Medications	用药史
P＝Pertinent Past History/ Pregnancy	既往史/孕产史
L＝Last Meal/LMP	最后一次进食/经期
E＝Events Leading to the Injury	导致伤害的事件

完成进一步评估后，救援队长应使用MIVT格式（参见表3.3）向救援中心汇报，并应每5至15分钟对伤员进行一次复评。在整个创伤评估及处理的过程中，如果伤员情况突然恶化，如出现气道阻塞、呼吸困难或血压下降等，应立即停止第二阶段的评估，重新返回第一阶段（XABCDE）的评估及处理。

表3.3　MIVT汇报的内容

M＝Mechanism	受伤机制
I＝Injury	受伤情况
V＝Vital signs	重要生命体征
T＝Treatment given & Time of arrival	已经给予的治疗和预计到达时间

（三）持续性检查（Ongoing Assessment）

持续性检查是早期伤员创伤评估中的关键环节，目的是在转运过程中对伤员进行连续监测，以便及时发现并应对任何病情变化。

1. 检查频率（Check Frequency）

对于危重或不稳定的伤员，建议每5分钟进行一次检查。

对于轻伤或稳定的伤员，检查间隔可以延长至每15分钟一次。

2. 检查重点（Key Points of Assessment）

持续性检查应重点关注以下几个方面：

（1）气道（Airway）：确保伤员气道畅通无阻。

（2）呼吸（Breathing）：监测呼吸频率、深度及任何异常表现。

（3）循环（Circulation）：评估脉搏、血压和外周血液循环状况。

（4）格拉斯哥昏迷量表（Glasgow Coma Scale，GCS）：监测伤员的意识水平和神经功能。

（5）全身检查：再次审视伤员全身，寻找可能遗漏的伤害。

3. 检查目的（Purpose of Assessment）

持续性检查旨在确认伤员的病情是否稳定，是否有新的或恶化的情况出现，从而采取相应的医疗措施。

（黄晓鸣、夏蕊）

第四章 现场及创伤评估
(Scene and Trauma Assessment)

第一节 现场评估(Scene Assessment)

一、现场评估的前期准备

救援人员在出发到达现场前,会收到事故指挥中心下发的关于灾场的一些基本信息,包括灾难的种类、地点等。当现场总指挥(Site commander)对灾场进行了总体评估及场地设置后,各救援队便开始进行逐个灾区的现场评估。

各救援队队长会首先确定其负责的灾场的现场安全,确保救援队能够在一个安全的环境下进行救援。救援队队长也会确定导致伤员受伤的主要机制(如地震)及伤员人数,以决定是否需要向现场总指挥请求增援。

救援队员会首先穿上基本的标准预防装置(如护目镜、口罩、手套),然后便开始进行分诊及伤员的创伤评估。

二、创伤评估与管理的原则

(一)黄金1小时

人们发现,如果伤员在严重创伤后1小时内得到救治,死亡率为10%;但是随着等待救治时间的延长,到伤后8小时才得到救治时,死亡率竟然高达75%。这一数据后来被美国马里兰大学的休克创伤中心创始人考莱引用,他提出了著名的"黄金1小时(Golden Hour)"理念,认为在生存与死亡之间存在一个"黄金1小时",如果伤员伤情严重,那么为其争取生存的最佳时间只有不到60分钟。

(二)白金10分钟

在灾难现场,每推迟1分钟抢救,伤员的死亡率就上升3%,抢救越早,成功率就越高。因此,应该在10分钟内完成对伤员的评估,做出初步处理决定并开始伤员转运。

(三)身体评估

对伤员应该从头到脚逐一全部检查,避免遗漏任何部位。

（四）团队工作

任何救援工作的顺利开展都依赖于团队合作，这不仅包括医生、护士、院前救援人员、司机等人员的参与，同时也需要救护车、各种仪器设备、急救药品等物资的支持。

三、现场评估的内容

（一）查看现场安全

查看现场安全是救援的第一步，只有在确保安全的情况下才能展开救援行动，因为救援人员的目的是拯救生命，而非牺牲自己。到达现场后，救护车应以安全和方便的方式停泊，一般采用车尾朝向事故现场的方式，万一再次发生事故，便能以最快的速度撤离。停车后，先摇下车窗对现场进行观察。如果是火灾、有毒物质、触电、建筑坍塌、危化品泄漏等事故现场，救援人员若要进入警戒线内，必须结伴同行，或者不要进入警戒线内。如果是犯罪现场，现场人员曾进行打斗或持有武器，应在警察或军队控制现场后再进入。

（二）识别损伤

1. 评估损伤的严重性

（1）多发伤。对于多发性伤害，如车祸伤、高坠伤等，需要快速对伤员进行从头到脚的创伤检查。

（2）局部损伤。如果是局部受伤，应集中检查受伤部位。例如，脚趾受伤，应特别检查脚趾。

2. 潜在损伤

（1）正面碰撞可能引起颈椎损伤、多处肋骨骨折（连枷胸）、心肌损伤、气胸、主动脉破裂、腹部损伤（肝脏破裂）、髋关节和膝关节受伤等。

（2）侧面碰撞可能引起颈椎损伤/骨折、多处肋骨骨折（连枷胸）、气胸、主动脉破裂、腹部损伤（如肝脏、脾脏、肾脏等腹部器官损伤）、骨盆骨折等。

（3）追尾碰撞（从后面撞击）可能引起颈椎损伤。

（4）弹出事故可能涉及多个损伤机制，因此导致的死亡风险较大。

（5）汽车撞到行人，可能导致腹部损伤、骨盆骨折、下肢骨折、头部损伤等。

（三）估计伤员数量和严重程度，判断是否需要增援

估计现场伤员数量和伤员受伤严重程度，评估救援队的处理能力，判断是否需要增援。通常一辆救护车只能转运一名重伤员。在搜索过程中，可以通过询问清醒的伤员或扩大搜索范围来确认是否还有未被发现的伤员。

（四）标准预防措施

救援人员在现场可能接触到伤员血液以及其他潜在致感染物，特别是伤员气道分泌物。因此，必须执行标准预防措施（PPE），如戴口罩、护目镜或面罩、戴手套。

（五）必备救援物品

一般需要装备以下四个方面的救援物品。

（1）气道用物：氧气袋/瓶、吸氧管/面罩、吸引器、插管用物。

（2）创伤包：敷料、绷带、止血带、止血剂、胸腔减压装置。

（3）转运工具：颈托、脊柱板。

（4）其他：血压计、听诊器。

四、动作损伤

动作损伤（Motion Injury）包括钝器伤和穿刺伤。钝器伤由快速向前减速（碰撞）和快速垂直减速（坠落）造成，导致大面积损伤。穿刺伤包括枪伤和刀伤等，将导致深度的器官损伤。

（一）车祸伤

车祸伤是汽车、摩托车、拖拉机、水上摩托等交通工具发生碰撞造成的人员受伤。根据能量守恒定律，能量不会消失，但可以转移。汽车相撞，快速向前减速，汽车运动的动能迅速转化为势能，由此造成机械损伤、身体损伤、器官损伤和组织损伤。查看车祸现场时要注意车辆的外部变形、车辆的内部变形和伤员的身体变形，从而找出伤员受伤的原因。常见的汽车碰撞形式包括正面碰撞、侧面碰撞、后面撞击、侧翻、翻滚和其他。

1. 正面碰撞

（1）被挡风玻璃所伤。

机械损伤：车头变形，挡风玻璃呈蜘蛛网式。

身体损伤：头部、面部、颈部受伤。

器官损伤：脑部对冲伤等。

（2）被方向盘所伤。

机械损伤：车辆前部、方向盘变形。

身体损伤：肋骨骨折、气胸等。

器官损伤：气胸、血胸、心包填塞、心肌挫伤等。

（3）被仪表盘所伤。

机械损伤：车辆前部、仪表盘变形。

身体损伤：头部、面部、颈椎、骨盆、髋部、膝盖受伤等。

器官损伤：脑部对冲伤等。

2. **侧面碰撞**

机械损伤：车门及车身侧面变形。

身体损伤：头部、颈部、肩部、上臂、肋骨（包括弧形小骨）、盆骨、小腿可能受伤。

器官损伤：脑损伤、胸损伤（血胸或气胸）、腹部损伤等。

3. **后面撞击**

车辆从后面被撞击，最容易造成颈椎损伤。头颈部先因强烈的惯性向前运动，随后由于肌肉复位使头颈部反弹，造成颈椎前后两次损伤，颈部的这种受伤形式也称为挥鞭伤（Whiplash Injury）。

4. **侧翻**

汽车侧翻会造成车内人员的身体受到四面八方的撞击，身体各部位都可能受到损伤。如果人员被抛出车外，伤员的死亡率将增加25倍。

5. **翻滚**

翻滚相当于正面碰撞加侧面冲击，很可能会造成巨大的损伤。

6. **其他**

（1）安全带引起的损伤。撞击时，安全带巨大的牵引力可能引起头、面、颈及胸腹部损伤。

（2）气囊引起的损伤。气囊弹出时巨大的冲击力可能造成面部、胸腹部损伤，甚至造成婴幼儿死亡。

（二）坠落伤

坠落伤由人体的直线减速运动造成，坠落伤损伤的严重程度取决于坠落高度、撞击面积和撞击物体的表面性质，坠落高度大于人体身高的3倍，则风险增大。儿童头部比例较大，通常会头部先着地，易导致受到严重颅脑损伤。成人身体比例大，往往为足部着地，易遭受脚、腿、髋部、盆骨骨折，同时轴向负载效应易使脊柱损伤。

（三）穿刺伤

1. **刀伤**

刀伤的严重程度取决于刀刃的长度、穿刺的角度和刺入的部位。其中最重要的是刺入的部位，如是上腹部可能伤及肺部和心脏，下腹部可能伤及肝脏和脾脏，均会造成严重后果。

移除穿刺物的黄金规则是把穿刺物固定，到医院后再移除。但面部刀伤是一种特殊情况，这种情况下必须尽快移除尖锐的穿刺物，以防气道阻塞。

2. **枪伤**

因为$E=0.5mv^2$（E指动能，m指物体质量，v指物体运动速度），因此子弹产生的能量取决于其速度。枪支按照子弹速度可分为低速枪和高速枪。低速枪发射的子弹速度不超过600m/s，如手枪；高速枪发射的子弹速度大于600m/s，如步枪。

影响枪伤中人体组织损伤严重程度的主要有以下四个因素。

第一，子弹大小。子弹体积越大，阻力越大，造成的永久性组织损伤越大。

第二，子弹头变形程度。子弹头变形越严重，伤口就越大。

第三，是否是半包甲子弹。该种子弹会造成更大的伤口。

第四，子弹是否翻滚或偏航。子弹若产生翻滚或偏航会造成更大的伤口。

枪伤包含三个部分。

第一，入口处：创口小，如果是近距离发射的子弹造成的伤口，伤口边缘焦黑。

第二，出口处：出口可能有可能没有，如果有骨碎片或子弹碎片，则可能造成多个出口，出口一般大于入口，并且边缘不规则。

第三，内部伤口：内部伤口分两类，一类是低速子弹接触组织造成的伤口，另一类是高速子弹接触组织并高速转移能量造成的伤口。

（四）爆炸伤

爆炸伤常见于工业意外和恐怖袭击，主要包括以下四种损伤机制。

（1）原发性损伤。爆炸波会伤害所有充满空气的器官，造成气胸、肠道挫伤、鼓膜破裂。

（2）二次损伤。碎片飞溅可能会造成损伤。

（3）三次损伤。伤员被抛掷至地面可能会导致坠落伤。

（4）四次损伤。伤员被抛掷到远处的火堆或危险品上可能会受到其他损伤。

第二节 创伤评估（Trauma Assessment）

一、初步评估（Primary Survey）

（一）初步评估的四大原则

在进行初步评估时应遵循以下四大原则。

第一，救援队队长进行快速初步检查，在检查过程中，若发现问题应立即指派其他队员进行干预。

第二，评估应持续进行，不应中断。除非现场变得不再安全或者伤员出现了气道阻塞、呼吸、心脏骤停等危及生命的情况，否则不应停止评估。

第三，初步评估要快速、有效，需在10分钟以内完成。

第四，进行伤员评估时应意识到，迅速转运伤员至医疗中心以接受进一步治疗是提高生存机会的关键。

进行初步评估的目的是快速发现问题并选择对伤员进行处理的优先次序，同时在评估过程中识别危及伤员生命的创伤情况，以便及时给予干预，解除伤员暂时的生命威胁。基本的检查过程包括初步评估和快速的创伤检查，以便快速进行评估和干预。为了尽量避免评估过程中断，团队成员的分工如下：

队长：负责从头到脚评估。

第二名队员：负责固定颈部并开放气道。

第三名队员：负责实施其他干预措施，如包扎止血和准备脊柱板等。

（二）初步评估的内容

初步评估的内容主要有七个方面。

1. 伤员的基本情况和状况

确定死伤员总人数，如果超过团队的处理能力，需要及时请求增援。同时了解伤员的基本资料和状况，包括性别、年龄、体重、外观、心理状况，以及是否有明显的损伤或出血等。对于儿童、老年人、孕妇等脆弱人群，应给予特别的关注。

2. 评估大出血

由枪伤或爆炸伤引起的创伤会导致活动性动脉出血，这可能瞬间导致生命威胁并致死，应立即使用创伤止血带进行止血。

3. 评估气道（并同时进行人手固定颈椎）

可以尝试与伤员进行语言沟通。如果伤员可以回答，代表其气道是通畅的。若伤员不说话且无反应，则需引起关注：首先要观察、聆听和感知伤员，以检查伤员是否有呼吸；其次将双手放在伤员胸部，以检查是否有呼吸运动；如果有需要，可以使用双手抬颌法来开放气道，如果仍然没有效果，应考虑使用人工气道。

4. 评估呼吸

首先检查伤员是否还有呼吸运动，如果没有，那么就需要使用球囊及面罩复苏器来帮助其呼吸。如果伤员有呼吸，但是频率小于10次/分或高于30次/分并且意识下降，也应该使用球囊及面罩复苏器辅助伤员呼吸。若伤员呼吸正常但面部或唇周出现发绀，应使用面罩供氧。如果已行气管插管，在插入气管内导管后，应保持呼气末二氧化碳分压在35~40mmHg之间。

5. 评估循环

如果仍有出血，可通过直接按压、加压包扎和止血带止血。常用的止血用具有止血粉（QuickClot）、充气夹板、抗休克裤（PASG，仅适用于骨盆骨折）。然后需要检查脉搏，如果没有脉搏，应立即施行心肺复苏术，但是若评估地点仍然处于灾难环境中，则应优先考虑尽快转送至治疗中心；如果有脉搏，应检查其快慢。在检查脉搏时，可以通过桡动脉、股动脉、颈动脉的搏动来推测伤员的收缩压值，从而判断其是否处于休克状态。具体方法如下：扪及桡动脉搏动，收缩压至少有80mmHg；桡动脉搏动不能扪及，可扪及股动脉搏动，收缩压至少有70mmHg；如果只能扪及颈动脉搏动，收缩压大约有60mmHg。此外，还要检查伤员的皮温和毛细血管充盈时间，判断皮肤是否温暖，是否出现了湿冷等情况，毛细血管充盈时间在2秒以内为正常。

6. 评估伤员的意识水平

队长在此时可通过AVPU的方法快速评估伤员的意识水平。具体评估的要点是：A（清醒）、V（对声音有反应）、P（对疼痛刺激有反应）、U（毫无反应）。如果伤员可以回答问题，则表示其意识清楚、气道通畅。同时队长可以检查伤员的瞳孔情况。

7. 暴露及快速检查

完成上述评估后，应剪开伤员衣物以充分暴露伤处，必要时可用毛毯保温，以进行从头到脚的快速检查。检查的部位、内容及顺序如下。

（1）头。是否有严重的面部或枕骨损伤，是否有挫伤及肿胀，是否有穿透伤，是否有皮下气肿，双外耳道、双鼻孔等部位是否有出血或渗脑脊髓液（CSF）。

（2）颈。是否有颈部肿胀、气管偏移或颈静脉塌陷/怒张，检查后应放置颈托。

（3）胸。检查双侧胸廓是否对称，是否有挫伤或穿透伤，是否出现反常呼吸运动、胸廓不稳定的情况，听诊呼吸音是否正常，是否有呼吸杂音等。

（4）腹部。检查是否有挫伤（合并压痛及膨隆）、穿透伤及内脏外露，腹部的软硬情况，是否有腹胀发生。

（5）骨盆。检查骨盆是否稳定，能否听到骨摩擦音。

（6）四肢。是否出现肿胀、畸形和不稳定的情况，同时检查伤员脉搏、肢体活动、感觉功能等。

（7）脊柱。对伤员进行同轴翻身并检查是否存在脊柱畸形、创伤或出血。若伤害局限于某个部位，不会对整体造成广泛影响（如大脚趾受伤），则只需检查受伤部位。如果出现了下列情况，必须进行快速的从头到脚的全身检查：该事故或灾难的损伤机制是危险和普遍的；出现了意识障碍、呼吸困难等危及生命的情况，或者头部、颈部、身体出现严重的疼痛；伤员为儿童、孕妇及老年人等脆弱人群。现场评估的时间应控制在10分钟以内，评估及初步处理后，应及时将伤员转运至医疗中心。

二、重要的干预及转运的决定

首先要决定是否需要转运，考虑的问题包括：去哪所医院；用什么方式；如何选择时间最短、最快的路径，保证安全转运。转运目的地首选创伤中心，但是如果伤员已经出现气道问题，应送往最近的医院处理。其他需要立即转运的情况包括以下几类。

一是初步评估中发现有比较严重、威胁生命的问题，例如清醒程度降低（需考虑是否由低血糖、药物、酒精造成）、呼吸异常、不能控制的出血甚至休克等。

二是随时可能发生休克的情况，例如连枷胸、开放性胸部伤、张力性气胸、血胸、膨胀的腹部、骨盆不稳定、股骨骨折等。

三是高危伤员，包括慢性病患者以及儿童、孕妇、老年人等脆弱人群。

在现场可采取的干预措施主要包括四个方面。

第一，气道干预，如开放气道，必要时建立人工气道。

第二，呼吸干预，包括给氧、辅助通气、胸部伤口封闭吸引、固定连枷胸、张力性气胸减压。

第三，循环干预。若心脏骤停伤员并未处在灾难环境，可进行心肺复苏，同时注意控制严重的出血。

第四，其他干预，如固定穿刺物等。

转运过程中应采取一系列干预措施，包括监测、输液、测量生命体征、采集病史等。例如，救护车中可进行夹板固定、包扎、静脉输液、气管插管等措施。

三、进一步创伤检查（Secondary Survey）

在救护车转运过程中应对伤员进行更全面的创伤评估，以识别其他可能非危及生命的损伤。如果车程较短，可能不需要进一步创伤检查，但是仍应持续检查伤员情况，检查的内容包括：生命体征监测，SAMPLE病史采集，气道、呼吸、循环（ABC）＋格拉斯哥昏迷量表（GCS）＋全身检查。

在转运过程中，评估伤员的意识水平可以使用格拉斯哥昏迷量表（GCS），具体方法如表4.1所示。

表4.1 格拉斯哥昏迷量表（GCS）

项 目	内 容	得 分
睁眼反应	自发性	4
	对语言	3
	对疼痛刺激	2
	无反应	1
语言反应	对（时间、地点、人物）可定向	5
	对（时间、地点、人物）不可定向	4
	答非所问	3
	发出无意义的声音	2
	无反应	1
最佳动作指令	服从指令	6
	对疼痛能定位	5
	对疼痛正常收缩或躲避	4
	异常收缩（去皮质反应）	3
	异常伸展（去脑干反应）	2
	无反应	1

疼痛刺激也可用于定位受损伤脊椎的位置：框上挤压——CNV-1，捏耳垂——C2，捏斜方肌——C4，甲床压挤——C6～C8，胸骨碰摩——T4。但是低于T4水平时，此方法的准确性会降低。

在抵达前，应及时联络医疗中心，通报相关情况，以便医疗中心可以启动并准备创伤小组。例如，通知外科医生、麻醉师等到场，让急诊室、血库、实验室、计算机扫描室、手术室、重症监护室等相关科室做好准备。需告知的事宜包括：

M＝受伤机制，例如汽车相撞。

I＝受伤情况，包括伤员数目、受伤严重程度。

V＝重要生命体征。

T＝已经给予的治疗和预计到达的时间。

四、持续创伤检查

持续创伤检查指的是在救护车长途转运过程中对伤员进行评估和管理，同时识别任何病情变化。在长途转运过程中可定时做多次持续创伤检查，危重伤员每5分钟检查一次，稳定伤员每15分钟检查一次。其他需要持续检查创伤的情况主要包括给予干预后和伤员情况恶化时。持续创伤检查主要包括以下五个步骤。

（1）询问伤员的感觉如何。

（2）再次评估意识状态：清醒的状态和瞳孔的情况。

（3）再次评估ABC：检查气道、呼吸和循环的情况。

（4）再次评估所有其他损伤：检查有无变化。

（5）检查干预的效果：检查气管插管后气道是否通畅，检查氧流量，检查静脉通道是否通畅及液体滴速，检查胸部闭合是否有效，检查胸部穿刺减压是否有效，检查夹板和敷料，检查穿刺物，检查孕妇是否处于左侧卧位，检查心电图、血氧饱和度、呼气末二氧化碳分压。

（李鑫、马丽）

第五章 重要创伤管理
（Major Trauma Management）

第一节 大出血的管理（Management of eXsanguination）

一、大出血的原因

大出血通常是由枪伤或爆炸伤引起的活动性动脉出血。出血速度快且严重，可能在1~2分钟内导致伤员出现休克并有可能致死。

二、大出血的评估

用眼睛扫描伤员身体是否有可见的活动性动脉出血。

三、对大出血的处理

首先，用眼睛扫描伤员身体，检查是否存在可见的活动性动脉出血。如果确实存在出血，可以将创伤止血带扎在出血处上方3~5cm的位置，并在带子上标记时间，以确保止血带的使用时间不超过2小时，防止患肢发生永久性损伤。

如果出血持续不止，可以再加上另一条创伤止血带。如果出血位置在肩膀、腋下或腹股沟，可以考虑使用交界性止血带（Junctional tourniquet）。

第二节 气道异常的管理（Management of Airway Disorders）

一、气道结构

气道结构包括口腔、鼻咽、咽部、喉部、声带/声门、气管、支气管、肺泡。儿童及婴儿气道的特点是：头部及舌头较大，气管较短，会厌较软。环甲膜针刺位置位于甲状软骨和环状软骨之间。气管切开的位置在2~3气管环之间或3~4气管环之间。

二、气道评估

（一）评估是否通畅

伤员能说话表示气道通畅，伤员不能说话或发出打呼噜音则表示可能存在气道阻塞。气道问题是创伤后最常发生的问题，也是引发创伤后死亡的首要问题。因此，在事故现场必须要首先处理气道问题。处理气道前需确保固定好伤员的颈椎，并可能用到不同的气道开放装置。

（二）困难气道评估

常采用MMAP评估分级法评估困难气道（Assessing Difficult Airway），见表5.1。

表5.1　MMAP评估分级法

分级 Mallampati	困难气道有四个级别 1级：可以看见整个悬雍垂 2级：可以看见半个悬雍垂 3级：只能看见悬雍垂底部 4级：完全无法看见悬雍垂 注：1、2级插管容易，3、4级插管困难
量度 Measurement	3-3-2量度原则 3：上下门齿距离大于3指幅宽属于正常气道，小于3指幅宽属于困难气道。 3：下巴、舌骨距离大于3指幅宽属于正常气道，小于3指幅宽属于困难气道。 2：甲状软骨、口底距离大于2指幅宽属于正常气道，小于2指幅宽属于困难气道。
角度 Angle	寰枕角大于15°属于正常气道，小于15°属于困难气道
病理 Pathology	有明显的气道异物阻塞

三、创伤中常见气道问题

（一）气道阻塞

异物、舌头、呕吐物、血液、面部受伤（在未系安全带的乘客和司机身上最常见）等因素可能导致气道阻塞。气道阻塞是创伤意外中导致伤员死亡的常见原因，并造成了许多人的死亡。特别是在创伤意外中，快速处理气道阻塞至关重要。若伤员拒绝躺下，这可能表明伤员在维持通气和处理分泌物方面存在困难。气道阻塞是最常见但可预防的创伤死亡原因，若伤员有气道阻塞，必须立即进行抽吸，必要时建立人工气道。

（二）气管外伤

气管外伤可能是穿刺伤或钝器伤。主要症状如下：皮下气肿，可能有气胸或血胸。

处理方法：放入适当的气道工具，为避免加重已存在的气道损伤，气管内插管要谨慎操作。插入常规气道工具后迅速将伤员转运到医院进行手术去开放气道。

四、对气道创伤的处理

（一）气道创伤救援原则

气道创伤救援原则是用最简单的方法先通畅气道，如果简单设备无法通畅气道，再尝试高级气管导管。

（二）开放气道的方法

1. 吸引器

如果伤员在头部固定或戴上颈托后呕吐，会因无法移动而易引起窒息。假设发现伤员口咽部有胃内容物，应考虑有较大的误吸可能性，需立刻将其吸出。因此应考虑将便携式吸引器作为事故现场院前急救的基本设备。配备吸引器时要同时配备氧气瓶、电池、吸引管，吸引器要有足够吸力，以便除去黏稠痰涎或口咽部的血块，还要配备大的呈棱角形的抽吸管、杨克吸引管（Yankeur Sucker）以除去较大物质。

2. 徒手开放气道

徒手开放气道的常见方法为提颏法（jaw-thrust）。外伤伤员有颈椎脊髓损伤的风险，不适合采用按额托颚法，为避免造成进一步损伤，应采用提颏法打开气道。如需插入人工气道，应先让第一名救援者徒手固定伤员的头颈部再使用提颏法，然后，由第二名救援者插入气管导管。

3. 开放气道的工具

（1）基础气道工具（Basic Airway Adjunct）。

①口咽通气管（Oro-Pharyngeal Airway，OPA）：适用于没有呕吐和咳嗽反射、有大面积面部损伤、牙关紧闭的昏迷伤员。所选择的口咽通气管长度应与该伤员门齿（或口角）至耳垂或下颌角的距离等长；选择尺寸时要注意避免过小或过大，过小不能勾住舌头，过大会加重气道阻塞；救援人员的插入技术要好。

②鼻咽通气管（Naso-Pharyngeal Airway，NPA）：适用于不能使用口咽通气管的昏迷伤员，伤员可以是清醒或昏迷的。所选择的鼻咽通气管长度应与该伤员鼻孔至耳垂或下颌角的距离相等，尺寸不当（过小或过大）会导致效果不佳；注意救援人员的插入技术，并考虑左右侧鼻孔插入技术的不同要求。

（2）声门上气道装置（Supraglottic Airway Device，SAD）。

声门上气道，又称为非目视气道插管设备，是一个带袖口的导管，可盲插入咽喉部，常用于院前急救。它的优势在于，在进行心肺复苏时，不需停止按压。声门上气道通常包含以下三种。

①喉罩气道（Laryngeal Mask Airway，LMA）：其设计类似盖子，插入口腔后，其顶端封堵食管，同时盖子覆盖声门，使得通气时空气直接进入气管。选择尺寸的原则

是：3号用于体重<50kg者，4号用于体重≥50kg者。

②喉管（Laryngeal Tube Device，LTD）：通过口部直接插入伤员的食管，气囊充气后，通过侧孔向气管内通气。选择尺寸的原则是：3号用于身高<150cm者，4号用于身高≥150cm者。

③食管—气管联合导管（Esophageal-Tracheal Combitube，ETC），又称联合导管（Combitube）。其优势在于可以插入气管或食管。缺点是昂贵，同时因其尺寸偏大可致创伤和不适。联合导管直径有37F（28mm）和41F（31mm）两种，联合导管的直径约为一般气管插管直径的3倍。一般依据伤员的身高选择联合导管型号：身高为120～150cm时，选用37F；身高≥150cm时，选用41F。

（3）高级气道。

①气管插管（Endotracheal Intubation）。A．需准备的用物：喉镜、气管插管导管、导丝、探条、球囊面罩、负压吸引、呼末二氧化碳测定仪。可以使用探条（Bougie）和视频喉镜插管。B．清醒与不清醒插管：清醒插管者可局部麻醉，无意识者无须镇静麻醉。C．深度镇静麻醉快速顺序插管（Rapid Sequence Intubation，RSI）步骤：面罩通气→镇静麻醉伤员→对环状软骨施压以防止吸入→使用肌松剂以放松所有肌肉方便插管→进行气管插管。D．院前创伤的不同插管方式：仰卧，颈椎固定，一名救援者时用双膝部固定伤员头部再插管，两名救援者时，一人徒手固定伤员头部，另一人插管；坐位，颈椎固定，两名救援者，一人双手固定伤员头部，一人插管。E．插管后评估伤员生命体征，包括血氧饱和度和呼气末二氧化碳分压。如果气道问题仍无法解决，先送去就近医院进行气道处理，再送去专门的创伤医院。

②环甲膜穿刺—经喉喷射通气（Cricothyroidotomy-transtracheal Jet Ventilation）。若没有其他设备可以缓解伤员的气道阻塞，必要时可经环甲膜进行穿刺并采用经喉喷射通气。

第三节　呼吸异常的管理（Management of Breathing Disorders）

一、对呼吸的评估

（一）视

（1）如果观察到伤员有发绀或是辅助呼吸肌参与呼吸，应给予面罩吸氧。

（2）呼吸频率：若呼吸频率少于10次/分或超过30次/分（并伴有意识水平下降），则应使用球囊面罩辅助通气。

（二）听

用听诊器听胸壁是否有不对称呼吸音。

（三）触

（1）触摸气管位置是否居中。
（2）感受是否有皮下气肿导致的捻发感。

二、常见影响呼吸的创伤

（一）肺挫伤

肺挫伤通常在受伤后数小时内形成，可能是由肋骨骨折、肺气肿手术、肺组织挫伤或气胸引起。

1. 临床表现

常见症状有胸痛，可能出现显著的低氧血症。

2. 治疗

常见治疗手段有氧气吸入、静脉输液、快速转运。如有需要，可插入气管内导管并采用正压通气。

（二）连枷胸

连枷胸是指同一区域内多根肋骨同时折断，导致出现对抗性呼吸及呼吸困难。

1. 临床表现

常见表现为反常呼吸。通常三根或更多相邻肋骨骨折，且每根肋骨骨折有两处以上，部分胸壁变得不稳固而出现奇异的呼吸模式。反常呼吸有可能发展为血胸、气胸或呼吸窘迫。

2. 治疗

常见治疗手段有：高浓度氧吸入并监测血氧饱和度（使其维持>95%）、呼气末二氧化碳分压；用手按以稳定胸壁，并用大量敷料包裹；及早决定是否进行气管内插管，行正压通气并选择呼气末正压（PEEP），然后快速转运。

（三）血胸

胸部外伤可以引起出血，血液渗入胸膜腔即为血胸。单侧胸膜腔可以容纳多达3L血液，两侧胸膜腔共6L。血胸严重会压迫肺，导致呼吸窘迫和低氧血症。

1. 临床表现

常见有低血容量的表现（血压下降、烦躁、表情淡漠、颈静脉塌陷）和呼吸窘迫的表现（呼吸困难、低氧血症、呼吸音减少、叩诊音浊）。

2. 治疗

常见的治疗手段有高浓度氧吸入并监测血氧饱和度，静脉输液治疗休克，使收缩压维持>90mmHg。

（四）开放性胸部创伤

胸部穿刺伤会引起开放性胸部创伤。

1. 临床表现

常见表现有胸痛、呼吸困难、咳嗽、咯血、休克等。

2. 治疗

常见的治疗手段为封闭伤口，即在三面贴上封闭性敷料（另一面向下方或向外侧，以方便引流血液），或者使用胸部封闭式敷料（Asherman Chest Seal），为伤员提供高浓度氧，进行静脉输液，监测心音和血氧饱和度，同时快速转运。到院后需置胸腔引流管。

（五）单纯性气胸

1. 临床表现

常见表现有气促，一侧胸部起伏减少，呼吸音减弱，清音增强，可能有或没有表面伤口，血压正常。

2. 治疗

如果没有影响呼吸速率和血氧饱和度，并且血压正常，可以向伤员给氧，将其转运到医院后再处理气胸。

（六）张力性气胸

无论是钝器伤还是穿刺伤，损伤会形成一个单向阀，使空气只能进入胸膜腔而不能被排出去，由此导致胸腔内压增加。受影响一侧的肺部进而坍塌，导致严重缺氧。同时，因为胸腔内压力增大会压迫心脏及下腔静脉，导致血液回流减少及心排血量减少，伤员会出现严重低血压。

1. 临床表现

常见表现有呼吸困难、烦躁、心动过速，患侧空气进入下降，患侧胸部运动受影响，患侧叩诊音清音增强。检查可发现脉搏细弱，血压下降，气管显著偏向健侧。伤员胸部和颈部可有皮下气肿，严重者可扩展至面部、腹部及阴囊。

2. 治疗

常见的治疗手段有高浓度氧吸入并监测血氧饱和度，在伤员锁骨中线第二肋间隙进行穿刺减压。军队在作战时不能脱下避弹衣，可采用腋中线第四肋间隙穿刺，随后尽快转运。

（七）胸部刺穿物/嵌入物

胸部刺穿物可能是任何尖锐或非尖锐物品。胸部刺穿物可能刺穿心脏或肺部。不要移除刺穿物（除非在气道），快速转运至医院进行手术。

（八）创伤性窒息

创伤性窒息是由于钝性暴力作用于胸部（如方向盘引起的损伤）而引起的上身广泛皮肤、黏膜和末梢毛细血管的淤血及出血性损害，是闭合性胸部伤中相对少见的综合征。

1. 临床表现

胸部遭受突然和严重压迫（心脏、纵隔），力量继而传递并使血液挤往颈部和头部，伤员出现类似窒息引起的发绀和头颈肿胀，舌头和嘴唇肿胀，结膜出血。

2. 处理

维持气道畅通，建立静脉输液通路，快速转运。

三、对创伤引起的呼吸问题的处理

处理创伤引起的呼吸问题需要考虑三个方面。

1. 对因处理

应对引起呼吸问题的创伤进行救治，例如在张力性气胸的情况下，应实施胸腔穿刺排气或胸腔闭式引流排气。

2. 对症处理

对创伤引起的呼吸问题进行呼吸支持包括两种情况。

（1）对于可以维持自主呼吸的伤员：在处理创伤的同时给予吸氧，根据具体情况选择鼻导管吸氧或面罩吸氧。

（2）对于不能维持自主呼吸的伤员：需要在积极处理创伤的基础上给予辅助呼吸，具体方法包括口对口人工呼吸、球囊面罩辅助通气（成人10~12次/分，儿童及婴儿12~20次/分，维持呼气末二氧化碳分压为35~40mmHg）、人工气道及呼吸机辅助/控制通气等。

3. 并发症处理

引起呼吸问题的危重创伤通常还会并发其他问题，如循环不稳定、意识状态改变等，需要在积极处理创伤的基础上给予相应的治疗。

第四节　循环异常的管理
（Management of Circulation Disorders）

正常机体的新陈代谢为有氧代谢，即葡萄糖和细胞内的ATP在氧气的参与下产生能量，供机体各个器官正常运作。当组织血流灌注低时，身体细胞会出现缺氧现象，身体各器官因为缺氧缺糖而无法跟ATP结合产生能量，于是进行无氧代谢，但产生的能量就会不足并且会产生乳酸，导致器官不能有效运作。当身体器官广泛出现组织血流灌注低，并导致广泛器官功能紊乱时，就会出现休克（Shock）。不同器官对缺氧的耐受时间不同，大脑、心、肺为4~6分钟，肝脏、肾脏、胆囊为45~90分钟，肌肉、骨骼、皮肤为4~6小时。

创伤管理中的循环评估（院前救治），主要是使用一些简单易行的指标来评估伤员是否存在严重出血。一般通过脉搏、体温及毛细血管充盈时间来评估。可通过触及不同动脉，对伤员的血压进行大概的判断：颈动脉收缩压应在60mmHg以上，桡动脉应在70mmHg以上，股动脉应在80mmHg以上。若伤员皮温正常，一般不存在循环血容量不足，若皮肤湿冷，应考虑各种原因所致的循环血容量不足所致休克的表现；同理，指甲毛细血管充盈时间超过2秒也提示外周灌注不足／休克。

一、常见休克种类

（一）低血容量性休克（Hypovolaemic Shock）

低血容量性休克见于创伤情况下，伤员的循环血容量大量丢失（绝对性低血容量），可以通过评估和及时干预来预防。

1. 常见原因

主动脉破裂（80%～85%的伤员发生后立即死亡）、血胸、腹部损伤、盆骨或股骨撕裂、多发性骨折等。

2. 临床症状

心动过速，即心率超过100次/分钟，通常是休克的首个迹象，需检查是否有出血（无论是内部出血还是明显的外部出血）。其他症状包括皮肤苍白、桡动脉脉搏微弱、脉压差减小、颈静脉塌陷、毛细血管回灌时间超过2秒、眩晕或意识水平下降。

3. 失血分级

人体血容量为体重的1/13，即为体重的5%～7%。失血分级见表5.2。

表5.2 失血分级

	1	2	3	4
失血量	<750ml（<15%）正常	750～1500ml（15%～30%）轻—中度	1500～2000ml（30%～40%）重度	>2000ml（>40%）极重度
心率	正常	>100次/分	>120次/分	>140次/分
呼吸	正常	20～30次/分	30～40次/分	>35次/分
血压	正常	正常	下降	急剧下降
机体代偿	代偿	代偿	失代偿	失代偿
尿量	正常	20～30ml/hr	5～15ml/hr	少尿/无尿

（1）外部出血处理。

①头颈部或面部可以采用直接局部按压止血。

②颈部向下减少出血。

③使用非再吸入性面罩（Non-rebreathing Mask）以提供高浓度氧气并减少二氧化碳

潴留。

④快速转运。

⑤建立两条大口径静脉输液通路，快速输入生理盐水或乳酸林格氏液。

对于难以控制的外部出血，处理、纠正休克的三个要点为止血、吸氧、补液。局部直接按压止血，四肢出血使用止血带，每2.0~2.5小时放开一次；使用局部外用止血剂（QuikClot急救敷料或凝血酶等）；使用非再吸入性面罩以提供高浓度氧气并避免二氧化碳潴留；静脉输入生理盐水，维持收缩压在90mmHg以上，成人1~2L，儿童20ml/kg；输血或代血浆；早期快速转运至医院行进一步处理。目前研究表明，头低足高体位并不能改善休克预后，故不提倡。

（2）内部出血处理。

由于现场条件不足以处理内部出血，应尽快将伤员转运至具备相应处理能力的医院。使用能避免二氧化碳潴留的面罩，并提供高流量吸氧。建立两条大口径静脉输液通路，快速输入生理盐水或是乳酸林格氏液，维持收缩压90mmHg以上。监护方式为：动态监测伤员心电图和血氧饱和度。虽然骨盆骨折出血的伤员可以使用气压抗休克衣（Pneumatic Anti-Shock Garment，PASG）和/或军事性抗休克裤（Military Anti-Shock Trousers，MAST），但由于这些设备可能增加死亡率，因此不推荐使用。

（二）高空间性休克（High Space Shock）

高空间性休克的特点是伤员全身的静脉大量扩张及空间增加，从而导致动脉血容下降，同时血压下降。

1. 受伤机制

交感神经位于胸椎和腰椎区域的脊髓。T6以上脊椎损伤使交感神经系统受干扰，导致血管紧张性和血管扩张性休克。脊髓损伤阻止大脑传送脉搏加速信号，使得儿茶酚胺无法释放，导致心动过缓和皮肤干燥，又被称为神经源性休克（Neurogenic Shock）。临床特点为血压低，脉搏慢，皮肤温暖。

2. 症状

低血压；脉搏缓慢；皮肤温暖、干燥，呈粉红色；下肢麻痹/瘫痪及感觉缺失；没有自主神经系统症状，脸色苍白，心动过缓，出汗。

3. 处理

（1）静脉输液，补充血容量（即便伤员没有内外出血时，循环血容量因外周血管张力降低而出现相对血容量不足，仍应考虑补液）。

（2）伤员如无头部外伤，应监测其意识水平以评估抢救效果。

（3）观察是否存在内部出血。

（4）使用血管活性药物（如肾上腺素）以收缩血管，提升血压。

（三）机械性休克（Mechanical Shock）

机械性休克是由多种原因导致心脏收缩和/或舒张受限而产生的休克，主要分为心源性休克和梗阻性休克两大类。

1. 心源性休克（Cardiogenic Shock）

（1）心源性休克是一种可能致命的创伤，通常由直接创伤或心肌损伤导致，降低心脏的泵血能力，可能引起心律失常，这种情况较难被发现。需要注意的是，救援队在灾难现场很难区分心肌挫伤和心包填塞。此外，伤员在灾难发生时因为心理压力增加诱发出心肌梗死也是很常见的。

（2）临床症状。

①基本存在心肌损伤并伴有胸痛、发绀、心律失常、血压低、心音低沉、颈静脉怒张等。

②如伤员前胸查体可见明确钝器伤，应推断有心肌挫伤。

（3）处理。治疗心律失常；避免过量补液增加心脏负荷，一般不宜超过2L；持续心电图监测；若伤员在5~10分钟内发展为心肌挫伤或心包填塞，死亡率会明显增加，应尽快将其转运至医院，及时进行手术治疗是伤员存活的关键因素。

2. 梗阻性休克（Obstructive Shock）

（1）心包填塞（Cardiac Tamponade）。

①创伤使心包充血，阻碍心脏有效充盈、收缩，导致心排血量减少。

②75%以上的心脏穿刺伤可发展为心包填塞。

③临床症状：贝克三联征（Beck's Triad），血压下降，心音低沉，颈静脉怒张；可出现奇脉（吸气时收缩压下降，呼气时回升），低电压心电图（ECG）。

④处理：高流量吸氧，快速转运，静脉输液，维持收缩压在90mmHg以上，进行超声实时引导下心包穿刺。

（2）张力性气胸（Tension Pneumothorax）。

①肺部创伤可能导致空气单向流入胸膜腔。

②受伤胸膜腔内气体张力增加，压缩上腔静脉及下腔静脉，使静脉回流减少，从而使心排血量减少。

③临床症状：患侧胸部起伏减少，呼吸音降低，叩诊呈鼓音；气管偏向对侧；颈静脉怒张（颈内静脉）；低血压，心动过速。

④处理：在现场穿刺减压，于患侧第二肋间隙或三肋上缘穿刺，以免伤害到毗邻动脉静脉或神经线；然后应迅速转运伤员，将其送至医院进行胸腔闭式引流。

二、输液急救

（一）外周静脉输液

（1）使用大口径静脉导管（14~16G），建立两个外周静脉通路。

（2）输入乳酸林格氏液，成人1~2L，儿童20ml/kg。

（二）颈外静脉

（1）当不能从外周静脉建立通路时，可尝试颈外静脉。
（2）颈外静脉位于下颌角至锁骨2/3处，向下汇入锁骨下静脉。
（3）按压锁骨上缘更易暴露。

（三）骨内穿刺输液

（1）儿童及成年伤员，当外周通路建立失败两次后便可以采用此法。
（2）使用14~18号骨穿针。
（3）可穿刺部位：胫骨近端（胫骨结节下一指部位）、肱骨近端、胸骨。

第五节 意识异常的管理（Management of Consciousness Disorders）

一、病理

（一）原发性脑损伤

（1）原发性脑损伤是指在事故中脑组织受到直接损伤。
（2）发生原发性脑损伤的原因主要包括以下四类。
①减速运动引发的冲击。
②外力撞击颅骨（直接碰撞或同向损伤）。
③反向损伤（即来自相反方向的冲击）。
④摩擦脑组织及脑表面。
（3）注重预防是避免原发性脑损伤的最佳方式。

（二）继发性脑损伤

（1）继发性脑损伤是指头部受伤一定时间后，所产生的一系列脑受损的病变。其中颅内血肿是最多见、最危险的继发性致命病变。颅内血肿根据血肿所在的不同解剖部位，可分为硬脑膜外血肿、硬脑膜下血肿、脑内血肿三类；根据伤后至血肿症状出现的时间可分为急性血肿（3天内）、亚急性血肿（4~21天）、慢性血肿（22天以上）三类。
（2）灾难创伤中常见的继发性脑损伤主要可分为以下四类。
①原发性脑损伤后出现的并发症，如脑水肿等。
②高碳酸血症、低氧血症或低血压造成的脑灌注不足。
③低血氧和高碳酸血症（正常呼气末二氧化碳分压为35~40mmHg）使脑血管扩张以容纳更多血液，颅内压随后亦会增加。
④低血压直接降低灌注到脑组织的压力。

（三）颅内高压

颅内高压综合征是由多种原因造成颅内容物的总容积增加而引起的一种严重临床综合征。

（1）颅骨是一个坚固的骨性结构，可以保护大脑。颅骨内包括脑组织（80%）、脑脊液（10%）、大脑内血液（10%）三个部分。颅腔容积恒定，以上任一部分增加，颅内压即会增高。

（2）正常颅内压＝0～15mmHg，颅内压＞15mmHg提示颅内压增高。

（3）脑灌注压的计算公式是：脑灌注压（CPP）＝平均动脉压（MAP）－颅内压（ICP）（正常脑灌注压＞60mmHg）。

（4）常用的提高脑灌注压的措施主要有两个方面。一是提高平均动脉压（MAP），可以通过输液或使用升压药来实现。二是降低颅内压（ICP），可以通过治疗病因，将床头抬高30°，使用甘露醇，保持头部中立位，控制过度通气，使用镇静剂硫喷妥钠，施行目标体温管理（Target Temperature Management）等方法来实现。

（5）提高脑灌注压的目标是保持脑灌注压＞60mmHg，确保脑灌注充足。

（四）脑疝综合征

由于各种原因使颅内容物异常增加，颅内压增高，脑组织的某一部分因受压移位而进入附近的生理孔道，使脑组织、神经和血管受压，脑脊液循环障碍，由此产生的相应症状群即脑疝综合征。脑疝综合征是最危险的并发症。在脑疝综合征中，大脑严重肿胀会导致脑组织向下移动至枕骨大孔区域，从而阻塞脑脊液循环通路，导致颅内压升高和脑干压迫。

（1）临床症状：①意识水平下降，昏迷；②瞳孔扩大；③眼球震颤；④肢体（相对的）瘫痪；⑤去大脑强直姿势；⑥库欣反应（Cushing Sign）（两慢一高——血压高，心率慢，潮式呼吸）。

（2）若脑疝发展下去，伤员可能迅速出现呼吸停止，生命体征消失并死亡。在此情况下，应立即使用球囊及复苏面罩进行过度通气，可使伤员$PaCO_2$下降。低$PaCO_2$会使脑血管收缩，减少大脑血量，达到降低颅内压的目的。

（3）脑疝进一步发展的危险性比大脑局部缺血的危险性更高，可使用过度通气的处理方法：成人正常通气频率10次/分，加快到20次/分；儿童正常通气频率20次/分，加快到25次/分；婴儿正常通气频率25次/分，加快到30次/分。目标是使呼气末二氧化碳分压（$PetCO_2$）控制在30～35mmHg。

（4）意识评估。

①瞳孔：直接、间接对光反射。

A．如果大脑出血，会导致同侧瞳孔扩张，同时对侧肢体活动感觉变差。

B．瞳孔双侧扩张表示极端紧急情况，需要过度通气并快速转运（非反应性）。

②清醒程度：使用AVPU（即清醒、对语言刺激有反应、对疼痛刺激有反应、无反应四个程度）清醒程度评估法进行初步检查，再使用格拉斯哥昏迷量表（GCS）进行进一步检查（见表5.3）。

检查是否有以下三种情况。

A．去皮质反应：大脑皮质受损。

B．去大脑反应：脑干受损。

C．GCS满分为15分，低于8分表示伤员有严重脑损伤。

表5.3　格拉斯哥昏迷量表（GCS）

评分标准	GCS	P-GCS	
	4岁以上～成人	1至4岁儿童	1岁以下婴儿
睁眼反应			
4	自主睁眼	自主睁眼	自主睁眼
3	呼唤睁眼	呼唤睁眼	呼唤睁眼
2	疼痛睁眼	疼痛睁眼	疼痛睁眼
1	对疼痛无反应	对疼痛无反应	对疼痛无反应
语言反应			
5	对时间、地点、人物定向准确	定向准确，能交谈，对话准确	正常哭、笑、发音
4	对时间、地点、人物定向不准确	定向失准，混乱回答，可安慰	易哭，可安慰
3	答非所问	回答失准，不可安慰	疼痛刺激哭闹
2	无意义的发声	无意义的发声	疼痛刺激呻吟
1	无反应	无反应	无反应
最佳运动反应			
6	遵嘱动作	遵嘱动作	遵嘱动作
5	对疼痛有定位反应	对疼痛有定位反应	对疼痛有定位反应
4	对疼痛有躲避反应	对疼痛有躲避反应	对疼痛有躲避反应
3	疼痛刺激后肢体强直及手部屈曲（去皮反应）	疼痛刺激后肢体强直及手部屈曲（去皮反应）	疼痛刺激后肢体强直及手部屈曲（去皮反应）
2	疼痛刺激后肢体强直及肢体伸直（去脑干反应）	疼痛刺激后肢体强直及肢体伸直（去脑干反应）	疼痛刺激后肢体强直及肢体伸直（去脑干反应）
1	疼痛刺激无任何反应	疼痛刺激无任何反应	疼痛刺激无任何反应
总分＝睁眼反应＋语言反应＋最佳运动反应			

二、常见影响意识的创伤

1. 头皮受伤

（1）头皮受伤可能导致出血时间延长和显著出血。

（2）儿童因自身循环总容量少，即使头皮受伤所致轻微出血，也可导致休克。

2. 颅骨受伤

（1）类型：线性非移位骨折（80%）、凹陷性骨折、复合性骨折、颅底骨折。

（2）现场处理的几个方面。

①避免凹陷性或复合性骨折位置直接受压。

②检查是否有任何脑损伤。
③保持供氧和脑灌注充足。
④对开放性颅骨骨折，应包裹伤口，控制出血时避免过分按压。
⑤若有固定颅骨穿刺物（现场不拔除），马上转运伤员。
⑥若伤员头部遭受枪击，应假定其脊柱也受损。
⑦若儿童头部受伤且没有明确原因，应怀疑儿童受到虐待，须即刻向警方及相关机构求助。

（3）颅底骨折临床表现：耳鼻出血或渗出透明液体（颅前凹骨折），眼眶周围晕血（颅中凹骨折、浣熊征），耳后乳突区晕血（颅后凹骨折）。

3. 脑部受伤

（1）脑震荡（Concussion）。

头部外伤后脑神经功能短暂受阻，失去意识（或混乱状态），持续时间因不同伤势而各异。伤员也可能有头晕、头痛、耳鸣、恶心、健忘等症状，通常为暂时的。脑部结构未受到真正的破坏。

（2）脑挫瘀伤（Cerebral Contusion）。

头部外伤致脑组织瘀伤。因损伤部位不同，伤员会出现昏迷、持续健忘、异常行为、个性改变等症状，还可能出现局部性神经系统症状（如肢体虚弱、言语问题）以及脑内血肿。

（3）蛛网膜下腔出血（Subarachnoid Hemorrhage）。

外伤出血渗入蛛网膜下腔，伤员出现剧烈头痛、昏迷及呕吐。在这种情况下，脑实质通常未遭受损害。

（4）弥漫性轴索损伤（Diffuse Axonal Injury）。

弥漫性轴索损伤是常见的弥漫性脑损伤，是引起创伤性脑损伤伤员死亡、严重致残及植物生存状态的主要原因。临床多见于交通事故伤、堕落伤、有回转加速暴力病史，颜面部骨折多见。轻度弥漫性轴索损伤的临床表现与脑震荡相似。严重弥漫性轴索损伤的伤员伤后立即出现意识障碍，昏迷时间超过24小时，严重时一直昏迷至植物状态。

（5）缺氧性脑损伤（Cerebral Anoxia）。

缺氧性脑损伤是由缺氧事件（如心脏骤停、气道阻塞）造成的损伤。缺氧事件使大脑灌注中断，如果持续缺氧超过6分钟便会造成不可逆的损伤。目标体温管理可能有保护大脑的作用。

（6）颅内出血。

颅内出血即脑组织内出血，可能是由钝器伤或穿刺性头部外伤造成，其症状取决于涉及的区域及损伤程度。

要预防二次脑损伤所致脑部缺血缺氧坏死的发生，处理手段包括：防止低血压，防止低血氧，减轻脑水肿，降低颅内压，控制癫痫，预防颅内感染。

三、颅脑创伤管理原则

颅脑创伤管理主要有以下五大原则。

（1）保证气道安全和良好氧合。

防止脑损伤伤员的低血氧。给予高流量吸氧面罩，维持血氧饱和度＞95%。保持良好通气（但不是单纯过度通气），以防止通气不足。呼气末二氧化碳分压需保持在35～40mmHg。如有需要，可进行气管插管。伤员满足以下条件时，执行过度通气策略（见表5.4）：GCS评分下降超过2分，反常的身体姿势。

表5.4 过度通气策略

	正常频率	过度通气频率
成人	10～12次/分	20次/分
儿童	12～20次/分	25次/分
婴儿	＜25次/分	30次/分

（2）使用脊柱板稳定伤员。

（3）给予镇静药物（如苯二氮䓬类）来控制激动的伤员，同时预防癫痫发作。

（4）记录伤员的基线生命体征及神经症状，每5分钟重复一次。

（5）外周置入两条大口径静脉通路，静脉输液，以维持脑灌注。

（廖天治、李小玉）

第六章　其他创伤管理
（Miscellaneous Trauma Management）

第一节　腹部/四肢/脊髓损伤及烧伤
（Abdominal/Extremity/Spinal Cord Trauma & Burn Injury）

一、腹部创伤（Abdominal Trauma）

腹部创伤的关键问题在于有无内脏器官的损伤，如不及时诊治，内脏损伤后引起的大出血与休克、感染与腹膜炎会危及伤员的生命，其死亡率可高达10%~20%。而管理腹部创伤的关键是快速评估伤员并早期治疗休克。

1. **腹部创伤分类及其特点**

腹部创伤可分为开放性损伤和闭合性损伤两大类。

（1）开放性损伤。开放性损伤又可分为穿透伤和非穿透伤两类：前者是指腹膜已经穿通，多数情况下伴有腹腔内脏器官损伤；后者是腹膜仍然完整，腹腔未与外界交通，但也有可能损伤腹腔内脏器官。

开放性损伤主要是由枪击损伤引起，亦可由利器损伤导致。现代枪弹特点：高速、口径小、弹体轻、易翻滚、变形。现代枪弹会导致内脏损伤、休克、感染及多器官功能障碍（MODS），遭到枪伤伤员的死亡率高达5%~10%。刀刺伤的体表损伤与体内损伤差别大，腹部刀刺伤最容易损伤的实质性器官为肝、脾、胰、肾等，也可能引发由大血管损伤导致的失血性休克。腹部刀刺伤容易合并胸部伤产生胸腹部联合伤。一种情况是胸腹部均有伤口，胸腹腔均有损伤；另一种情况是腹部有伤口，经腹刺破膈肌损伤胸腔器官。

（2）闭合性损伤。腹部闭合性损伤常见于生产、交通和生活事故中。伤员的预后决定于有无内脏损伤。如为腹部实质性器官损伤，主要是内出血的表现，如皮肤黏膜苍白、脉搏增快、血压下降等，并可伴有腹膜刺激征。如为空腔器官破裂，主要为腹膜炎的表现，有强烈的腹膜刺激征。闭合性损伤常伴有其他部位伤，如胸外伤和骨折等，这些其他部位伤掩盖了病史和体征，而使其诊断不易明确。

2. **腹部损伤院前急救处理原则**

针对腹部损伤的院前急救处理，包括基本生命支持与严重腹部损伤的紧急处理两个方面。其处理原则为：控制外出血（压迫止血），补充血容量并迅速转运；对腹部开放性损伤，如果肠道外露，应用生理盐水纱布覆盖；在伤情未明之前，伤员应禁食。

二、四肢创伤（Extremity Trauma）

在灾难事件中，由于伤亡人员众多，需合理配置资源。而在灾难现场没有X线检查的辅助时，只能进行快速评估和最低限度的暂时稳定处理，视诊和经验性救治成为评估是否骨折、脱位及是否需要截肢等的主要手段。

1. **常见肢体骨折及处理**

肢体骨折常伴有神经和血管损伤。进行神经功能检查时，如果伤员清醒，可让其进行手指屈伸、踝部运动，亦可通过检查手指、脚背和脚底的触觉等进行现场初步感觉和运动功能评估。在灾难现场，四肢骨折造成的血管损伤是一个严重的问题。例如，股骨骨折和骨盆骨折可导致失血性休克，危及生命。因此，在灾难现场，对股骨骨折和骨盆骨折的固定处理有着非常重要的作用，能够为伤员提供稳定的状态，改善其舒适度，预防进一步的血管损伤，同时为伤员的转运做好准备。

（1）股骨骨折固定。

股骨损伤应使用牵引夹板。应从损伤端上下关节开始使用夹板，将关节固定在功能位。如是双侧股骨损伤应使用铲式担架进行转运。

（2）骨盆骨折固定。

固定发生骨折的骨盆可选用床单卷、脊柱板或骨盆腹带（pelvic binder）进行包裹等，并用真空床垫或铲式担架转运伤员。

2. **关节脱位及处理**

关节脱位的临床表现为关节疼痛、肿胀、畸形、弹性固定和关节盂空虚，以及由此导致的功能障碍。对关节脱位的处理是复位和固定。关于复位，以手法复位为主，时间越早，复位越容易，效果越好。固定时，应使用夹板把移位肢体固定在脱臼位置或伤员最感舒适的位置。

3. **截肢与断肢处理**

在灾难现场，救援人员面对严重肢体损伤的伤员时，常难以决定是保肢还是截肢。出现以下临床表现时，需考虑截肢。

（1）高能量创伤口或伴污染（如高速来福枪伤）。

（2）受累肢体出现无脉、感觉异常，或毛细血管再灌注减少。

（3）肢体出现皮肤苍白、冷、无感觉或麻木等症状。

（4）持续低血压或肢体长时间被埋，伴有软组织挤压伤。

此外，断肢应放在塑料袋中，并外置于冰水中进行冷却，以保存断肢4~18小时。

4. **骨筋膜室综合征**

四肢肌肉受筋膜覆盖，创伤或灌注液丢失（如血管损伤、低血压、休克等）会导致筋膜腔内的肌肉肿胀，即引起骨筋膜室综合征（Osteofascial Compartment Syndrome）。肢体肿胀会压迫伤员侧肢体或肌肉内的血管和神经。骨筋膜室综合征的早期症状为疼痛和感觉异常，晚期症状为疼痛、无脉、苍白、麻木和瘫痪。

三、脊髓损伤（Spinal Cord Trauma）

1. 脊髓损伤的分类

脊髓损伤可分为完全脊髓损伤和不完全脊髓损伤。不完全脊髓损伤又可进一步分为脊髓前索综合征、脊髓后索综合征、脊髓中央损伤综合征和脊髓半切综合征。

（1）脊髓前索综合征（脊髓前部损伤）：表现为损伤平面以下的自主运动和痛觉消失。由于脊髓后柱无损伤，伤员的触觉、位置觉、振动觉、运动觉和深压觉完好。

（2）脊髓后索综合征（脊髓后部损伤）：表现为损伤平面以下的深感觉、深压觉和位置觉丧失，痛温觉和运动功能完全正常，多见于椎板骨折伤员。

（3）脊髓中央损伤综合征（脊髓中央性损伤）：常见于颈髓损伤，表现为上肢运动丧失而下肢运动功能存在，或上肢运动功能丧失程度比下肢更严重，损伤平面的腱反射消失，而损伤平面以下的腱反射亢进。

（4）脊髓半切综合征（脊髓半侧损伤综合征，Brown-Sequard Symdrome）：表现为损伤平面以下的对侧痛温觉消失，同侧的运动功能、位置觉、运动觉和两点辨觉丧失。

2. 脊髓损伤的处理原则

（1）（特定情况下）首先抢救。脊柱脊髓伤有时会合并严重的颅脑损伤、胸部或腹部器官损伤、四肢血管伤，危及伤员生命安全时，应首先抢救。

（2）头部固定。使用徒手制动术固定伤员头部。对婴儿，在肩部放置软枕；对成人，在头部下放置软枕。

（3）翻身及转运。如疑以脊柱骨折，应保持伤员脊柱正常生理曲线。避免使脊柱过度伸展或弯曲。在无旋转外力的情况下，三人应同时用手平抬伤员至木板上，人手少时可用滚动法。对于有骨盆和双侧股骨不稳定骨折者，应使用铲式担架转运。

（4）快速解救脱困法。在以下情况下采用：伤员处于严峻环境并面临死亡威胁，如火灾或倒塌的建筑物中；或在初步创伤检查或进一步检查中，伤员病情迅速恶化。

快速解救脱困法主要有两种方法：第一种方法是采用胸背锁固定法徒手解救，适用于病情危急的伤员；第二种方法是使用短板（半身板）、KED解救套、卷帘床垫（床单卷）等解救，适用于病情较稳定的伤员。

四、烧伤（Burn Injury）

烧伤是灾难现场常见的损伤类型。烧伤可分为烫伤、灼伤、化学伤等。灾难现场对烧伤伤员的首要处理应是终止烧伤进程。

1. 烧伤评估

（1）烧伤深度分级见表6.1。

表6.1 烧伤深度分级

烧伤深度	影响区域	症状
Ⅰ度	表皮	皮肤红肿，如同晒伤，有刺痛感
浅Ⅱ度	部分真皮	皮肤红肿、灼热、剧痛，有水疱
深Ⅱ度	部分真皮	皮肤红肿、灼热、剧痛，水疱穿破，汗腺及毛囊受损
Ⅲ度	全真皮	皮肤呈白蜡或皮革色，神经组织受损，只有周围疼痛
Ⅳ度	肌肉骨骼	皮肤呈焦黑色，神经、肌肉、骨骼组织都受损

（2）烧伤面积评估（新九分法）。

计算方法如下：成人头颈部体表面积为9%（1个九），双上肢为18%（2个九），躯干为27%（胸腹前侧13%，背部13%，含会阴1%）（3个九），双下肢（含臀部）为46%（5个九＋1），共计11个9%加1%等于100%。

2. 烧伤管理

（1）气道管理。

①确保气道开放（颈椎保护）。

②气管插管指征：有大面积的脸部肿胀或吸入伤。

③评估烟雾吸入伤状况。烟雾吸入伤的症状包括低氧血症、高碳酸血症和一氧化碳中毒。吸入性损伤是烧伤伤员早期死亡的原因之一，它对伤员生存的影响可能比烧伤面积更大。

（2）液体管理。

①第一个24小时补液量＝4ml×体重（g）×烧伤面积（%）（此公式仅限于Ⅱ～Ⅲ度烧伤）。

②最初的8小时给予第一个半量，后16小时给予第二个半量。

③计算时间从烧伤发生时开始，而非从治疗开始。

④用等渗电解质溶液开始补液，如乳酸林格氏液。

第二节 脆弱人群的创伤管理
（Trauma Management of Vulnerable Group）

一、儿童创伤（Trauma in Children）

儿童与成人在创伤方面有很多不同，主要体现在以下方面：一是创伤方式不同，二是对创伤有不同反应，三是需要使用特别仪器进行评估和治疗，四是评估和沟通较为困难。因此，处理儿童创伤的方法与成人完全不同。儿童信任家人，所以家长的参与、支持和关心对于处理儿童创伤至关重要。这种信任关系有助于查证病历、检查身体、护理创伤、照护儿童、表达关怀，同时有助于取得伤员信任，使他们愿意配合。整个评估过程（包括乘坐救护车）要让家长陪伴。同时要留意儿童是否受到虐待。

1. 评估儿童创伤

（1）评估工具。

儿童需要使用特别仪器进行评估，例如Broselow儿科急救尺（见图6.1）或标准儿科急救及复苏资料卡系统（SPARC）。应收集以下资料：①量度身长；②估计体重；③估计未计算的液体及药物剂量；④估计所需常用仪器大小（例如气管内导管）。把收集到的这些资料都放进复苏资料盒内，以供进一步治疗参考。

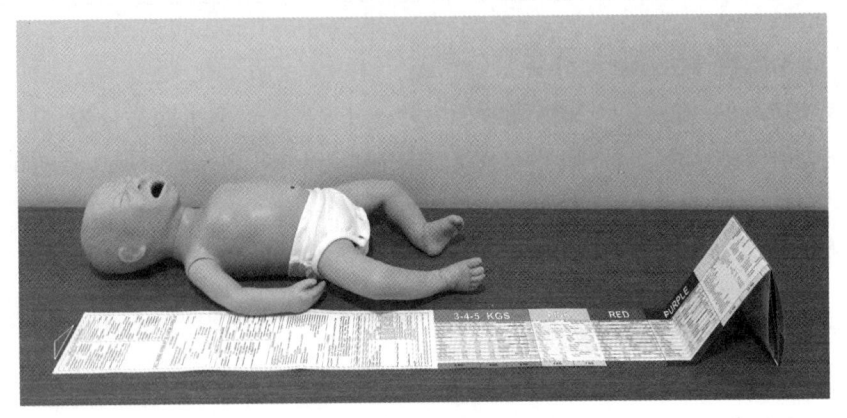

图6.1 Broselow儿科急救尺

（2）气管评估。

①徒手固定：将儿童颈椎固定在中轴位置，辨清气管阻塞的征兆与症状，确认是否有呼吸暂停、喘鸣或异常呼吸音。

②检查颈部：查看儿童身上是否有创伤痕迹（瘀伤、疤痕），检查颈动脉情况，查看有无颈静脉塌陷或怒张，查看是否有气管移位（对婴幼儿进行该项检查比较困难）。

③检查清醒程度：儿童清醒程度下降可能是由缺氧、休克、头部创伤、癫痫等原因导致。

④特别注意以下四个方面：第一，婴幼儿头部较大，应在肩膀下放置垫子帮助气管扩张，但避免颈项过度伸展以防气管闭塞；第二，儿童的解剖结构与成人不同，他们舌头大、组织软，因此气管容易阻塞；第三，新生婴儿只能通过鼻子呼吸，协助张开口部或用胶球注射器清理鼻子都可以挽救生命；第四，如儿童昏迷且无呕吐反射，可插入口咽导管。避免气管插管以减少气道损伤风险。鼻咽通气道不宜用于儿童，因为管子和口径太小，容易阻塞。

（3）呼吸评估。

低氧及低通气综合征在儿童中十分常见。因此，呼吸评估对抢救儿童生命尤为重要。

①首先应查找呼吸困难症状，查看儿童是否出现胸肋骨内陷、鼻翼翕动的情况或是发出呼噜声。必要时，应立即施行通气。使用面罩与苏醒器时，确保装有过量气体自动排出阀（40cmH$_2$O），以防止充气压力过高。但如果伤员出现因淹溺、支气管痉挛或吸

入异物引起的肺部顺应性下降,则要使用高压把空气送入肺部。

②对儿童进行通气时应注意以下几点。

A. 为儿童插管应少于15秒,使用呼气末二氧化碳监测确保气管内导管位置正确。

B. 创伤、恐惧和哭叫会增加儿童对氧气的需求,因此要给予100%氧气供应。

C. 一般不建议在事故现场为儿童插管。如必须插管,应使用口腔气管内导管,避免使用鼻腔气管内导管,因为儿童鼻孔小,喉部靠前。

D. 选用气管内导管时,可使用测量带仪器确定尺寸。通常选择直径与儿童小指指尖相同的气管内导管。可以使用以下公式计算导管尺寸:4+年龄/4 cm。

E. 对于8岁以下儿童,通常使用无气囊型气管内导管。对婴幼儿,可使用直式喉镜镜片,以便更容易观察声带。

(4)循环评估。

①评估要点。第一,要尽早判断儿童有没有休克,心搏过速是儿童休克的最可靠症状;第二,检查儿童上臂动脉脉搏和足背动脉搏动(脂肪组织较少),比颈动脉和股动脉脉搏更容易检查;第三,任何年龄的儿童,如果脉搏微弱且>130次/分,通常是休克症状;第四,新生儿脉搏>160次/分,也是休克症状;第五,毛细血管充盈时间>2秒,皮肤冰冷也是休克的判断依据。不同年龄儿童的生命体征见表6.2。

表6.2 不同年龄儿童的生命体征

年龄	体重(kg)	呼吸(次/分)	脉搏(次/分)	收缩压(mmHg)
新生儿	3~4	30~50	120~160	>60
6个月~1岁	8~10	30~40	120~140	70~80
2~4岁	12~16	20~30	100~110	80~95
5~8岁	18~26	14~20	90~100	90~100
8~12岁	26~50	12~20	80~100	100~110
>12岁	>50	12~16	80~100	100~120

②对儿童休克的处理。首先静脉输注20ml/kg的生理盐水,如休克持续,再输注20ml/kg的生理盐水。在抢救儿童休克时,若无法插入静脉输液装置(超过2次穿刺失败),便可进行骨髓腔刺穿和输液。

③对儿童出血的处理。儿童的血液量很少(80~90ml/kg),10kg儿童血液量不足2000ml,易因流血而休克。如儿童身体有流血伤口,必须尽一切可能尽快止血。通常止血的方法有以下三种:直接加压;使用压力绷带抬高伤口位置;使用止血剂。休克并失血>30%时,应给予静脉输液(20ml/kg)。现场急救须限于5分钟内,并在送医院途中持续监测和救治,同时注意保持身体温暖。

④意识评估:通常采用儿童格拉斯哥昏迷量表去评估儿童的意识,询问受伤儿童父母孩子日常的意识反应;如果伤员嗜睡,可能脑部已出现问题。

2. 处理儿童创伤

（1）头部创伤。

儿童的生理原因导致其头部较大、较重，因此头部创伤是儿童死亡最常见的原因。对于儿童头部创伤的处理有以下三大原则。

①给予足够的氧气供应，因为创伤后脑部对氧气的需求增加。

②保持高水平血压，婴幼儿的收缩压应维持＞80mmHg，年龄较大的儿童则压应维持＞90mmHg。

③预防吸入异物。头部创伤者常会呕吐并可能吸入异物，使用面罩与苏醒器通气时应使用Sellick手法（即环软骨下压），或插管吸痰，以保持气管畅通。

（2）胸部创伤。

①常见原因：挤压伤、钝器打击伤、高空坠落伤、爆震伤，以及由于损伤穿破胸膜而造成的气胸/血胸等。

②临床表现：心搏过速，发出呼噜声音，鼻翼翕动，胸廓内陷。通常难以判断儿童是否有气胸或高压性气胸。儿童的胸壁弹性非常好，所以创伤后很少出现肋骨骨折、连枷胸或心包填塞。如果有肋骨骨折，则要注意有无内脏损伤。

（3）腹部创伤。

腹部创伤引起的内出血是儿童创伤的第二大死因（颅脑损伤占儿童创伤死亡的30%～70%）。儿童脾脏和肝脏位置靠下、靠前，而膈肌呈水平位，因此儿童肝、脾等器官几乎不受肋骨和肌肉的保护，微小的创伤也可能导致严重的腹腔内器官损伤。腹部有瘀伤的儿童，应检查是否有内伤。若无明显外伤流血却出现休克，应立即处理。

（4）脊柱创伤。

9岁以下的儿童通常会发生上颈椎创伤（因为头部重），而9岁以上的儿童通常会发生下颈椎创伤。儿童可能脊柱受伤但医学影像未显示异常，此情况在儿童中比成人更常见。脊柱可能受到创伤的儿童，须妥善限制其脊柱活动，例如将婴幼儿伤员放在车辆安全椅内，加垫毛巾或垫子，限制其活动。

二、老年人创伤（Trauma in Elderlies）

一般认为，65岁以上的人群属于老年。除了年龄，用以下生理特征来界定"老年"比较适合：①神经细胞减少；②肾脏功能衰退；③皮肤和组织弹性减退。老年人若不幸遭受创伤，即使伤势不重也容易致命。老年人因创伤致命的常见原因如下。

①跌伤（最多，约占67%），跌伤可能导致髋骨、股骨、手腕骨折及头部创伤。

②烧伤（约占8%），主要为烫伤、火烧及电击伤。

③车祸（约占25%）。

1. 评估老年人创伤

（1）气管评估。老年人常戴假牙，这会增加创伤时气管阻塞的风险。

（2）呼吸评估。老年人的呼吸系统会随着年龄增长发生生理变化，如：①肺部灌注减少30%；②胸壁活动和肺活量减少，导致呼吸急促、短浅；③脊椎后突、呼吸储备不足,影响有效呼吸;④面部肌肉减少,用气囊面罩通气时可能出现漏气。

(3)循环评估。老年人由于功能退化,可能出现以下三方面的问题。

①慢性心力衰竭和肺水肿,由心脏和血管的功能退化、每搏输出量和心排血量减少以及心瓣功能异常导致。

②收缩期高血压。老年人的周边动脉会退化并变硬,增加周边血管阻力,导致收缩期高血压。老年人常患高血压,若血压降至一般成人正常范围则可能是休克征兆。

③低温症。患低温症的伤员,其保持正常体温的机能不能正常运作。老年人创伤后,若外部寒冷,更易患低温症。

(4)神经系统评估。老年人神经系统常见以下五类问题。

①硬脑膜下血肿。老年人的脑部缩小,使脑部和头骨之间有更多空间,增加了创伤后硬脑膜下血肿的风险。

②脑血管硬化。老年人的脑血管硬化,导致在减速造成的创伤中,脑血管容易破裂。

③脑部血流量减少,导致感官反应迟缓。例如,对痛楚反应减慢,听觉和视力减退。

④老年人对痛楚的反应迟缓,可能分辨不了受伤部位。

⑤衰老导致脑血流量减少的其他症状包括神志模糊、暴躁、善忘、睡眠习惯改变、失忆等。

(5)胃肠及肾脏评估。主要评估以下四个方面的问题。

①营养吸收能力。评估老年人胃液分泌减少及肠吸收功能退化的情况,以及这些因素如何影响足够的营养摄取。

②肠道运动功能。观察并记录老年人便秘和粪便阻塞的发生频率,评估其肠道运动功能。

③肝脏药物代谢能力。评估老年人肝功能减退的程度及其对肝脏药物代谢能力的影响。

④肾功能及药物排泄。评估老年人的肾小球滤过率(GFR),监测其排尿功能和药物排泄能力,特别是对于某些药物的排出困难情况。

(6)骨骼肌肉评估。老年人只要轻轻跌倒,就容易骨折。由于肌力减少、年老导致骨质疏松、皮下组织减少、脊柱后突,做脊柱固定时要在背部两旁加垫子。

2. 处理老年人创伤

(1)初步检查。

①现场评估。老年人可能同时患有多种慢性病,这会加剧创伤的严重性。与老年伤员沟通可能会有困难,因为他们多有感官迟缓,听力、视力减退,抑郁,常用方言等问题。可尝试从信赖的家人或邻居处查核背景。应迅速评估现场,分辨老年伤员是否有以下问题:自理能力下降,酗酒症状,服用多种药物,遭受暴力、虐待或疏忽照顾。整体上而言,受虐或疏忽照顾的问题在老年人群体中比较常见。

②伤员评估。首先,进行常规ABC评估,包括颈项固定。老年人可能患有关节炎

或驼背，很难把他们固定在脊柱板以确保仰卧位置正确，因此应在伤员背部加垫子，以确保脊柱位置正常。打开和评估不闭合的气管时，应注意牙屑碎片和假牙可能会阻塞气管。如果气管问题不能解决，考虑插入气管内导管（固定颈椎活动）。如果呼吸太慢（例如<10次/分）或太快（例如>30次/分），应施行辅助通气，供应100%氧气，并且进行二氧化碳波形图监测。其次，进行用药的评估。药物会影响身体对创伤的反应，如抗高血压药（例如β受体阻滞剂）和周围血管扩张药（例如硝酸钠）会干扰身体，在低血容量时，会阻碍血管收缩。如果曾使用β受体阻滞剂，低血容量性休克伤员的心脏收缩速度会受限制。

（2）进一步评估。

应进行常规的全身评估，注意静脉输液补充。患有心血管疾病的伤员，大量输液可能导致慢性心力衰竭。应定期评估伤员的呼吸功能，特别是患有肺病的伤员。

三、孕妇创伤（Trauma in Pregnant Women）

创伤是怀孕期发病和死亡的主因，而有6%~7%的孕妇会遭受一定程度的创伤。孕妇在意外创伤中更容易发生危险。头晕、换气过度、过度劳累，常与早孕相关，生理变化也影响平衡和协调，使风险增加。在孕妇创伤中，交通事故达65%~70%，其他常见创伤原因有跌倒、虐待、家庭暴力、侵入性创伤、烧伤等。孕妇伤员的脆弱及对未出生胎儿的潜在伤害，提醒我们要同时保护孕妇和胎儿两方面。

1. 评估孕妇创伤

（1）胎儿生理。胎儿在怀孕期首3个月形成，然后继续生长，到第24周如被迫出生有可能存活。怀孕期3阶段状况见表6.3。

表6.3　怀孕期3阶段状况

孕　期	状　况
怀孕期头3个月 （1~12周）	胎儿不能存活 监测不到胎儿心跳声 未能量度子宫宫高
怀孕期中3个月 （13~24周）	胎儿应可存活 监测到胎儿心跳声，120~170次/分 子宫宫高还有一半才至肚脐（16周），到达与肚脐齐高的位置（20周）
怀孕期末3个月 （25~40周）	胎儿能够存活 监测到胎儿心跳声，120~170次/分 子宫宫高每周增加1cm，直至第37周，胎儿便会进入骨盆

（2）孕妇生理。孕妇在怀孕期的生理变化见表6.4。

表6.4 孕妇在怀孕期的生理变化

	正常女性	孕妇
血容量	4000ml	增加40%~50%
心率	70次/分	增加10%~15%
血压	110/70mmHg	减少5~15mmHg
心排血量	4~5升/分	增加20%~30%
血比容	40%	血比容下降,因为液体容积增加
血红蛋白	13g/dL	血红蛋白下降,因为液体容积增加
呼吸率	12~14次/分	呼吸率增加
$PaCO_2$水平	38mmHg	$PaCO_2$下降,因为横膈膜上升,使呼吸急速
胃部活动	正常	胃部活动减慢,胃部多残留食物,容易呕吐

2. 处理孕妇创伤

(1)交通事故。若车辆损毁轻微,不到1%的孕妇会受创伤。安全带可以大大降低死亡率,且没有证据显示使用安全带会引致孕妇子宫创伤。应根据胎儿孕周处理伤员:如胎儿孕周<20周,子宫未及肚脐,应优先稳定孕妇情况(更多留意孕妇);如胎儿孕周>20周,子宫横向移位,应确定胎儿有心跳声,并稳定孕妇和胎儿情况(同时留意两个伤员)。撞车可导致孕妇因头部创伤、流血不止而死亡,也可导致胎儿窘迫、胎儿死亡、胎盘早剥、子宫破裂及早产的发生。

(2)侵入性创伤,如枪击或刺伤。枪击使孕妇的子宫承受子弹冲击力,导致死亡的概率较大,胎儿的死亡率为40%~70%,孕妇的死亡率为4%~10%。侵入性创伤也可引致肠创伤。

(3)家庭暴力。少部分不幸的孕妇会遭受虐待,常由配偶或男友施加。常见创伤部位为面部和颈部。

(4)跌伤。孕妇的身体重心会转移,怀孕时间越长,跌倒风险越高。跌倒会使骨盆受伤,导致胎盘分离等。

(5)烧伤。孕妇死亡率与非孕妇相同。孕妇表面烧伤若超过20%,会增加胎儿死亡率。烧伤后需增加静脉输液。

(黄文姣、任秋平)

第七章　灾难心理急救
（Disaster Psychological First Aid）

在灾难中，社区或社会的功能被严重破坏，受到影响的社区或社会不能通过动用自身资源去应对。灾难会导致财物的损坏、资产的损毁、服务功能的失去、环境的退化，会使社会和经济被破乱，会致使生命丧失、身体伤残，以及其他对人的身体与精神的负面影响。

据世界卫生组织统计，从美国"9·11"事件、印度尼西亚海啸、伊拉克战争等重大事件来看，灾难过后，长时间暴露在灾难现场的人员中，有8%~12%的人会出现创伤后应激障碍，灾难场景会"侵入性"地唤起他们的回忆，使得患者在创伤事件后仍反复体验到该事件及带来的感受，并有避免引起相关刺激的回避行为和高度的警觉状态。病情很可能会持续并进而引起患者主观上的痛苦和社会功能障碍。

第一节　创伤与应激相关障碍
（Trauma and Stressor-Related Disorders）

一、急性应激障碍

急性应激障碍（Acute Stress Disorder，ASD）是指在遭受身体和/或心理的严重创伤性应激后，出现的短暂的精神障碍，患者常在几天至一周内恢复，一般不会超过1个月。如果应激源被及时消除，症状往往持续时间短暂，缓解完全，预后良好。急性应激障碍可发生于任何年龄段，但多见于青少年。在经历创伤性事件后，包括车祸、大屠杀目击、犯罪行为受害者等不同群体中，都有可能出现急性应激障碍。

急性应激障碍起病急骤，在明显的应激事件影响下，患者可表现出以下三种主要症状。

（1）意识障碍。

患者在遭受突如其来的应激事件时，因毫无准备，可能处于心理"休克期"，表现为表情茫然或麻木，头脑一片空白，不同程度的意识障碍。患者可能出现情感反应不协调、行为混乱、事后不能回忆或不能完全回忆，以及冲动行为、幻觉、妄想、定向障碍等。

（2）精神运动性兴奋。

患者表现为伴有强烈情感体验的不协调性精神运动性兴奋，其表现与发病因素或个人经历相关。

（3）精神运动性抑制。

部分患者表现为沉默少语，表情茫然，呆若木鸡，长时间呆坐或卧床不起，不吃不喝，对外界刺激缺少反应，情感反应迟钝，有时会出现木僵状态（身体僵硬）。

上述三种症状可以混合出现或前后转换。患者还会通过反复出现的印象、梦境、错觉和触景生情等方式反复体验创伤性事件。如在车祸中失去妻子的丈夫，看到妻子的衣服就会回想起车祸的情境。回避是最常用的应对策略，患者常回避能引起创伤性回忆的刺激，如不愿谈起有关的话题，也不愿去想有关的事情，甚至回避那些能勾起回忆的事物等。否认是患者最常采用的防御机制，患者可能会觉得事情并未真正发生，或者回忆不起当时的情境。患者还可能出现警觉性增高的一些症状，如入睡困难、易激惹、注意力难以集中、坐立不安、对声音敏感等，同时可伴有恐惧性焦虑和自主神经系统症状，如心悸、手脚发麻、冒汗、震颤等。多数患者在发病后1个月内能逐渐恢复正常，预后良好。

如果急性应激障碍处理不当，有可能在数周后发展成创伤后应激障碍（PTSD）。

二、创伤后应激障碍

创伤后应激障碍（Post-Traumatic Stress Disorder，PTSD），又称延迟性心因性反应，是指在遭受异乎寻常的威胁性或灾难性打击之后出现的延迟性和持续性精神障碍。创伤后应激障碍的应激源通常会给个体造成异常强烈的感受，可能会危机个体生命安全，包括自然灾难，如洪水、地震、泥石流、火山爆发等，以及人为的灾难，如火灾、严重的交通事故、战争、强奸、身体酷刑等，造成个体极度恐惧、无助。应激源会引起个体病理性创伤性体验的反复出现、持续的警觉性增高和对创伤性刺激的回避，并造成显著的功能损害。从遭受创伤到出现精神症状的潜伏期大多为数周到3个月，很少超过6个月。

最初创伤后应激障碍的研究对象主要是退伍军人、战争中的俘虏和集中营的幸存者，后来逐渐扩大至各种自然灾难和人为灾难的受害者。国内外采用不同方法及对不同人群的社区调查发现，创伤后应激障碍的发病率为1%～14%，对高危人群如美国参加越南战争的退役军人、火山爆发或暴力犯罪的幸存者研究显示，创伤后应激障碍患病率为3%～58%。创伤后应激障碍可发生于任何年龄段，包括儿童，最常见于青年人。流行病学研究还发现，对同一创伤性事件，女性患创伤后应激障碍的概率是男性的2倍。创伤后应激障碍通常在创伤发生后3个月内起病，也可在数月或数年后起病。研究表明，约有50%的患者在起病1年后康复，但有1/3的患者在数年后仍有症状。

创伤后应激障碍表现为在遭受重大创伤性事件后的一系列特有的临床症状，主要为以下三个类别。

1. 创伤性体验的反复出现

患者以各种形式反复体验创伤性的情境，令其自身痛苦不已：脑海中常不由自主地反复出现创伤性情境的图像、知觉和想象；反复做有关创伤性情境的噩梦；反复出现创伤性经历重演的行为和感觉，仿佛又回到了创伤性情境中，这种现象称为闪回发作

（Flash Back Episode，FBE），是与过去创伤性记忆有关的强烈的闯入性体验。闪回经常占据患者整个意识，仿佛此时此刻又重新生活在那些创伤性事件当中。闪回不同于强迫观念，因为它来自对过去体验的记忆，而不是与以前体验无关的内容。在闪回期间，患者的行为和闪回的内容有关，患者常并未意识到自己的行为在当前是不适当的。另外，任何和创伤性事件有关的线索，如相似的天气、环境、人物、图像、声音等，都可能使患者触景生情，产生强烈的心理反应和生理反应。如空难的幸存者，一听到空中飞机的声音，就表现出紧张不安，头脑里不断重复空难当天的情境：同乘乘客的尸体横在自己面前，无数人呻吟，行李物品散落一地，空气里弥漫着烧焦的气味，自己躺在又冷又湿的地上等待救援。

2. 持续性的回避

患者倾向于尽量回避与创伤有关的人、物和环境，回避相关的想法、感觉和话题，不愿提及相关的话题，并且可能无法回忆与创伤相关的一些重要细节。患者对一些活动明显失去兴趣，不愿与人交往，与外界疏远，对很多事情感到索然无味，对亲人表现冷淡，难以表达和感受细腻的感情，对工作、生活缺乏计划，变得退缩，性格孤僻，让人难以接近。

3. 持续性的警觉性增高

患者可能出现睡眠障碍，易怒，难以集中注意力，对声音敏感，容易受到惊吓等症状。遇到与创伤事件相似的情境，患者会出现明显的自主神经系统症状，如心悸、出汗、肌肉震颤、面色苍白或四肢发抖。此外，此类患者大多数伴有焦虑或抑郁，部分患者甚至出现自杀倾向。有研究报道称，多数患者常继发抑郁障碍和物质滥用。

第二节　心理急救救援者的准备
（Preparation of Psychological First Aid Rescuers）

一、救援者的Do与Don't

（一）Do：救援者应这样做

（1）诚实守信。
（2）尊重受助者的决策权，让他们自主做出决定。
（3）注意放下个人偏见和成见。
（4）明确告知受助者，即使他们现在拒绝接受帮助，未来仍有机会获得援助，并尊重他们的隐私，确保他们的故事保密。
（5）行为恰当，要考虑到受助者的文化、年龄和性别差异。

（二）Don't：救援者不应这样做

（1）不应利用救援工作来拓展自己的人际关系。
不应寻求任何金钱或其他形式的个人利益。
（3）不应提供虚假信息或做出虚假承诺。
（4）不应夸大自己的技能。
（5）不应将帮助强加于他人，不应强迫受助者接受。
（6）不应强迫他人分享自己的经历或故事。
（7）不应向他人透露受助者的个人故事。
（8）不应基于个人感觉或行为来评判他人。

二、救援者的心理准备

（一）救援者的应对方式

应对（Coping）指的是为了改变个人和环境之间的压力所产生的反应。在不同的情况下，救援者可采用不同的应对方式（Coping Style）。拉撒路和佛克曼（Lazarus & Folkman，1984）将应对方式分为两类。一是以问题取向的应对方式（Problem-Focused Coping）。当遇到压力时，主动、直接地分析并解决问题，探讨压力事件发生的诱因，改变个人的预期想法，开发新的行为指标，学习新的技巧，以及主动去寻求帮助和支持。二是以情绪取向的应对方式（Emotional-Focused Coping）。当遇到压力时，并非直接应对产生压力的来源及环境，而是通过情绪上的抒发与支持，去控制因压力情境所引发的情绪反应（例如抑郁、焦虑）。人在面对自己认为可以承受或控制的压力情境时，通常会采用问题取向的应对方式；相反，人在面对无法负荷的压力情境时，则多采用情绪取向的应对方式。

贾洛维克（Jalowiec，1987）将应对分为以下八种类型。
（1）面对问题（Confrontive）：积极面对并寻找解决问题的建设性方法。
（2）乐观主义（Optimistic）：正面思考，并持有积极的思维方式。
（3）寻求支持（Supportant）：寻求各种支持并利用现有的支持系统。
（4）自力更生（Self-reliant）：依靠自己的能力解决问题。
（5）逃避（Evasive）：采取行动以避免或延后直接面对问题。
（6）宿命论（Fatalistic）：持有悲观的想法，认为情况无法改变。
（7）情绪化（Emotive）：通过情绪释放或表达来应对压力和困难。
（8）缓和（Palliative）：做些能使自己感到好过的事情以减轻压力。
概括来说，面对、乐观及寻求支持的应对方式比逃避和宿命论的应对方式更为有效。

（二）救援者的沟通技巧

良好的沟通技巧是提供有效帮助的关键。建立良好的沟通桥梁的前提是救援者持有热情、诚恳、尊重的态度。救援者在沟通时态度要真诚，要尊重受助者，要有同理心（Empathy），要对受助者的个人隐私保密，要做到表里如一。救援者要以诚挚的态度表达出提供帮助的意愿，不一定要说很多话，可以用非语言方式传递信息。受助者有其尊严，应该受到尊重和保护。

学会倾听是提供帮助的先决条件，这要求救援者认真听对方讲话并认同其内心体验，接受其思维方式，以便设身处地地思考与反馈。倾听也是尊重与接纳的直接体现。倾听的基本技巧包括：耐心聆听，鼓励表达，非批判性聆听（Non-Judgemental Listening），避免与受助者对质，积极聆听（Active Listening）。

非语言沟通的形式包括非语言响应、个人空间、坐姿和位置、非语言表达、身体语言、声调。身体语言包括面部表情、眼神接触、点头、坐姿、身体动作和身体距离等。通常认为，身体语言的影响力是我们所使用的言语威力的8倍，所以我们必须要留意身体语言的影响力。声调是指人们使用的不同语速、语调和音高。不同的声调导致受助者理解我们所说的话的程度是有很大分别的，所以，我们必须留意自己的声调是否给受助者诚恳及亲切的感觉。

提问可令受助者反思自己的困惑，起到澄清、提醒、肯定及探索的作用。常用的提问技巧包括：开放式提问（Open-Ended Question），封闭式提问（Close-Ended Question），澄清不清晰的内容或概念以减少不必要的误解。

与受助者面谈时可着重以下几个方面。

第一，扼述语意（Paraphrasing）。重述面谈的主要重点，以表示对受助者的聆听及理解。可通过扼述语意来检视救援者对受助者所表达内容的理解的准确性，以协助其与受助者进行进一步的交谈，为面谈建立方向。

第二，反映感受（Reflection on Feelings）。关注受助者的情绪变化，包括其身体语言及声调，帮助受助者探索及面对自己的情绪。救援者不妨以感觉标签去响应，或以事情背景或简短释意去响应。

第三，集中话题（Focusing）。受助者可能因情绪不稳等因素而频繁改变话题，而集中话题有助于受助者组织思路。

第四，综合摘要（Summarizing）。简洁、准确及有系统地综合受助者说话内容的重点，让受助者清楚地回顾自己的想法，以此作为面谈的总结。

第五，决策（Decision Making）。探讨可行方案，建立支持系统，寻求社会资源的介入，转到专业服务机构。

（三）救援者如何向受助者告知噩讯

在告知受助者噩讯前，一定要确认两点：首先，确保所获得的信息是准确的；其次，确保自己是传达这些消息的合适人选。若救援者对上述两项并不能肯定，可以对受助者说出安慰的话，例如："我明白你很担心你的家人/朋友，可是你现在受了伤，不如先到医院治疗后再作打算吧。"

第三节　心理急救（Psychological First Aid）

一、心理急救的"4L"原则

（1）Look：查看周围环境是否安全。
（2）Listen：倾听受助者的需求，包括身体上和心理上的。
（3）Lend a Hand：给予即时的帮助，如提供食物、衣物等。
（4）Link：转介受助者至各类社会支持系统。

二、心理急救步骤

（一）初步接触与建立互信

（1）介绍自己并询问当前的需求。
（2）注意保密。

（二）安全与舒适

（1）第一时间确保人身安全。
（2）提供关于灾难应对的救援和服务信息。
（3）为幸存者提供舒适的身心环境。
（4）鼓励社交活动。
（5）照顾与父母或照料者失散的儿童。
（6）避免额外的创伤体验和可能触发创伤的因素。
（7）救助家人下落不明的幸存者。
（8）救助失去了至爱亲朋的幸存者。
（9）慰藉幸存者，保证其精神需求得到基本满足。
（10）提供殡葬信息。
（11）应对创伤后的悲痛情绪。
（12）安慰收到家人死讯的幸存者。
（13）安慰认领遗体的幸存者。
（14）帮助父母或监护人向儿童传达亲人的死讯。

（三）稳定情绪

（1）稳定情绪崩溃的幸存者。

（2）使情绪崩溃的幸存者在情绪上适应。

（3）注意重视药物治疗对稳定情绪的作用。

（四）搜集资料

（1）灾难中创伤经历的性质和严重程度。

（2）亲人的去世。

（3）对当前处境和持续存在的威胁的担忧。

（4）与亲人分离或担心亲人的安危。

（5）身体疾病、心理状况和求治需求。

（6）丧失的家庭、学校、邻居、事业、个人财产、宠物等。

（7）极度内疚和羞愧感。

（8）伤害自己或他人的念头。

（9）社会支持的可能性。

（10）饮酒史或药物滥用史。

（11）创伤史或丧失史（loss history）。

（12）对青少年、成人和家庭发展影响的特殊担忧。

（五）给予实际帮助

（1）为儿童/青少年提供实际援助。

（2）确认最紧急的需求。

（3）澄清真实需求。

（4）讨论行动计划。

（5）付诸行动，满足需求。

（6）协助寻找失踪家属。

（六）联系社会支持系统

（1）加强与家庭成员和其他重要人物的联系。

（2）鼓励利用即时可用的支持人员。

（3）讨论实时可用的物资。

（4）给予儿童/青少年特殊照顾。

（5）如言语不通，提供翻译人员。

（七）教授应对技巧

（1）提供关于应激反应的基本信息。

（2）讨论对创伤经历和丧失经历常见的心理反应。

（3）与孩子讨论他们身体和情绪上的反应。

（4）提供应对方法的基本信息。
（5）讲授简单的放松技巧。
（6）教授适用于家庭的应对方法。
（7）处理发展性问题。
（8）处理愤怒情绪。
（9）应对非常负面的情绪。
（10）应对睡眠困难。
（11）应对酒精和药物的过量使用。

（八）联系社会网络

（1）建立幸存者与协助性服务机构的直接联系。
（2）对儿童/青少年的治疗转介。
（3）对老年人的治疗转介。
（4）帮助保持持续稳定的协助关系。

第四节　如何对伤员进行心理急救
（How to Give Psychological First Aid to the Injured）

伤员可能出现下列不同种类的情绪反应：惶恐、焦虑、忧虑或紧张，情绪低落、罪恶或内疚感，愤怒、情绪失控、震惊或麻木，意识模糊或对外界事物的接收能力减弱，自我伤害、自毁行为或自杀念头，暴力倾向/行为，恐慌突袭（Panic Attack）。

一、情绪低落和焦虑的伤员

意外发生后，伤员可能因种种原因而感到紧张、忧虑、焦虑、惶恐及情绪低落。这些都是可以理解的情绪反应。只要救援者多加安慰并留意伤员的需要，伤员的情绪大都可以平复。

（一）一般处理

（1）要注意伤员的身体安全。除了处理伤员的直接创伤，亦要留意伤员其他的需要，例如给予伤员饮料及保暖衣物。
（2）要保持镇定的态度。要知道在意外受伤后，伤员可能因种种原因产生情绪的波动。
（3）要保持不急不躁的态度。
（4）要有同理心。
（5）要保持友善、关心及诚恳的态度。
（6）要留意伤员的心理反应。

（7）要留意伤员的生理反应。当伤员感到焦虑及紧张的时候，他的呼吸可能会变得急促。此时，要引导伤员做深呼吸——深而慢的吸气和呼气。另外，当伤员焦虑时，身体亦可能有以下的反应：心跳加速、冒汗、手颤、肌肉跳动或身体震动、口干、耳鸣、头晕及眼花等。

（8）鼓励伤员说出自己的感受并给予安慰（可采用开放式提问）。

（9）用心聆听。

（10）非批判性地聆听（不要质疑伤员）。

（11）在可行的情况下，尽量满足伤员的需求。当然，切勿对伤员做出不切实际和超出自己能力范围的承诺。

（12）大部分伤员的情绪都会在伤势稳定后逐渐稳定下来。当然，也有少部分伤员的情绪可能变得更加激动。

（13）若情绪的低落或焦虑持续两星期或以上，并同时影响到伤员日常的生活，伤员便可能患有情绪病，需要专业人士的帮助。

（二）BANANA法

在遇到伤员有负面情绪时，可用BANANA法去处理伤员情绪。

B＝Breathe（Deep and slow breathing）：深呼吸。

A＝Aware of your body sensation：注意你的身体感觉（如头痛等）。

N＝Name your feeling：说出你的感觉（如不开心）。

A＝Analyze your thinking：分析你的思维（如因为晋升失败而不开心）。

N＝New way of thinking：换一种新的思维方式（如认为失败乃成功之母，再接再厉）。

A＝Act differently：表现得不一样（如提议去KTV唱歌放松一下）。

（三）身心松弛法

身心松弛法是缓解焦虑、抑郁情绪的有效方法。常见的身心松弛法包括腹式呼吸松弛法、肌肉松弛法，以及意象松弛法。

（1）腹式呼吸松弛法。本方法适用于因紧张而导致换气过度的伤员，同时要求伤员没有胸部及腹受伤，也没有长期咳嗽。开展时间约5分钟，效果较佳。

（2）肌肉松弛法。本方法适用于有压力的人（如伤员、幸存者、救援者），能跟从指令，并且没有气喘或手脚不协调。开展时间10~20分钟，效果较佳。

（3）意象松弛法。本方法适用于有压力的人（如伤员、幸存者、救援者），能跟从指令者，并且需要参与者有想象力。开展时间约10分钟，效果较佳。

二、有内疚感的伤员

在意外中，除了伤员自己受伤，与其同行的朋友或亲人也可能在意外中受伤甚至死亡。伤员可能会责怪自己为什么会相约朋友或亲人到意外的现场，或责怪自己未能救回他们。

若伤员目击自己的朋友或亲人在意外中死亡,而自己也因伤势或环境的限制不能对朋友或亲人做出任何帮助,其内疚感可能会更强烈。

对这类伤员的处理重点如下。

(1)给予伤员时间,让他们说出事情的始末。

(2)询问一些简单的问题,然后引导伤员说出自己的感受。

(3)鼓励伤员说话,而不要中途打断他们。

(4)不要告诉伤员(生还者),你完全知道他的感受。

(5)不要告诉伤员(生还者),他还幸运地活着。

(6)不要低估意外经历的影响,例如对伤员说:"这还不算太糟糕!"

(7)不要建议伤员只需要控制自己、振作起来。

三、惊恐发作的伤员

突发的意外和受伤可能会导致一些人出现惊恐发作。他们可能本身已患有情绪病(如焦虑症或惊恐症)。但是在意外中,惊恐发作亦会发生在从没有情绪问题的伤员身上。在惊恐发作时,伤员在10~15分钟内可能会突然感到非常惊慌,并出现身体不适,如心跳加速、呼吸不畅顺、头晕、眼花、耳鸣或手脚麻痹等;呼吸的不畅顺令伤员的呼吸变得短促(换气过度);惊慌下的各种身体反应及不适会令伤员误以为自己的身体有严重疾病或自己已失去自控能力;在思想方面,遭遇惊恐发作的伤员会害怕自己突然晕倒、突然死亡或情绪完全失控。

处理这类伤员的重点如下。

(1)当判断伤员是否惊恐发作时,要确保伤员的身体不适不是由于其他身体的问题,如心脏病或哮喘发作所致。

(2)若伤员的呼吸变得短促,引导伤员将呼吸变得深而慢。

(3)帮助伤员稳定情绪及减少焦虑。向伤员解释,他的身体不适是由焦虑引起的,并且由于身体不适而误以为自己有严重疾病的担心,会增加他们的焦虑,加剧身体不适,从而形成一个恶性循环。

(4)向伤员强调,若他们尽量放松,恐慌发作会很快消失,且不会有生命危险。

(5)如果出现过度换气,可指导伤员跟着救援者的手势进行缓慢深长的呼气(5秒)及吸气(5秒),直到症状减轻为止。

四、有自我伤害或自杀念头的伤员

当遇上意外及受伤时,伤员可能会出现自我伤害甚至自杀的念头或行为。救援者亦可能会对自我伤害或自杀未遂的伤员进行急救。常见的自我伤害行为包括:过量服药,割伤自己,火烧自己,撞头,把身体撞向硬物,用拳头打自己,用物品戳伤自己,吞下不适当的东西,等等。大部分自我伤害的人并没有精神病,但有些人可能患有抑郁症,有严重的性格问题或有毒品或酒精依赖。尽管如此,这些人都需要专业协助。女性比男性更常有自我伤害的行为。很多自我伤害的人在童年时曾遭遇身体、情绪或性方面的虐待。自我伤害后自杀的风险会增加，我们必须要认真对待每一个自我伤害的人，并向其提供协助。

世界卫生组织指出，九成自杀个案与精神困扰（尤其是抑郁症或药物滥用）有关。自杀事件通常发生在危机时期，失去挚爱、失业或失恋等时刻。有研究指出，30岁以下的自杀者大多数都是性格冲动或滥用药物的人，他们面对的压力通常与分手、失业、被人拒绝或惹上是非等有关。至于30岁以上的自杀个案，则多与情绪和健康问题有关。自杀风险最高的人群为独居的抑郁症患者，包括鳏寡离异的人群，尤其以男性的风险更高。所以，亲友及身边人的关心支持可以降低自杀风险。

（一）自杀的风险因素

以下是一些自杀的风险因素：患有抑郁症、重性精神病，男性（男性的成功自杀率为女性的两倍），高龄（年龄越大，风险越高），鳏寡离异或无伴侣，有酒精滥用问题，曾经有自杀行为，已计划自杀，缺乏社交支持，长期患病（如痛症）（Blumental & Kupfer，1990；Hawton & Catalan，1987；Kreitman & Dyer，1980）。

（二）自杀风险评估量表

下面是自杀风险评估量表（SAD PERSONS）的相关要素：性别（Sex），年龄（Age），抑郁症（Depression），自杀记录（Previous Attempt），酗酒记录（Ethanol Abuse），失去理性（Rational Thinking Loss），社交支援（Social Support），计划自杀（Organised Plan），没有伴侣（No Spouse），身体疾病（Sickness）（Patterson et al，1983）。

对有自我伤害或自杀念头的伤员的处理要点如下。

（1）顾及自身的安全，同时也要顾及旁观者的安全。

（2）注意伤员手上或身上是否有伤害自己或他人的工具（如利器）。

（3）劝导伤员保持冷静，并鼓励他们表达自己的感受。

（4）用心和耐心聆听伤员的感受，避免做出任何批评。

（5）评估伤员自杀的风险（初步评估即可，更详细的评估应由专业人士进行）。另外，让伤员谈及其自杀的念头不会提高伤员的自杀风险。

（6）注意伤员的反应，如表情、说话的内容及语调。

（7）若伤员直接表达了"我想自杀"或"我走了，请代我照顾我的家人"等话语，表明他真的考虑过自杀，这一点绝不能被忽视。

（8）将伤员送到医院，或告诉伤员的亲人将其带到医院或专业人士那里进行进一步的评估和处理。

（9）如果伤员的行为过于激烈，应立即寻求帮助。

五、情绪失控或有暴力倾向的伤员

在意外发生后,伤员可能会有愤怒的情绪(例如目击其朋友或亲人未能及时被救出现场)。救援者也可能要为有暴力倾向及行为的伤员提供协助。有些伤员可能本身有精神问题,或有药物滥用或饮酒过量的情况,以致情绪失控,出现暴力倾向或暴力行为。

对这类伤员的处理要特别注意以下十个方面。

(1)注意自身的安全,同时也要考虑旁观者的安全。
(2)在伤员心情未平复时,要和伤员保持一定的距离。
(3)要留意伤员手上或身上是否有可能伤害自己或他人的工具(如利器)。
(4)劝说伤员保持冷静,并鼓励他们表达出自己的感受。
(5)用心和耐心聆听伤员的感受,避免进行任何批评。
(6)说话缓慢,保持冷静的态度。
(7)注意伤员的反应,包括表情、说话的内容及语调。
(8)如果伤员的行为表现出极度激动,应立即寻求保安或警察的帮助。
(9)将伤员送往医院,或告诉伤员的亲人将其带至医院或专业人士那里进行进一步的评估和处理。
(10)如果发现伤员(例如药物滥用者)身边有剩余的药物,应将这些药物交给医务人员。

六、有急性应激反应的伤员

在遇到重大事故时,伤员可能会出现急性应激反应。急性应激反应通常在重大事故发生后的几分钟内开始显现,症状通常持续数小时,但最长可持续两到三天。这类伤员在症状消失后可能部分或完全忘记发病经历。伤员可能会表现出意识模糊、对外界事物接受力减弱,以及暴躁、过度活跃或极度焦虑的反应(例如心跳加速、出汗等)。另外,当伤员得悉其朋友或亲人在意外中死亡,他可能会表现出震惊及麻木。

对这类伤员的处理要点主要有七个方面。

(1)如果伤员意识模糊或对外界事物的接收力减弱,他对自己的保护能力也可能减弱。在此情况下,救援者需要注意周围环境,确保伤员的安全。
(2)保持镇定的态度。
(3)保持友善、关心和诚恳的态度。
(4)用心聆听(非批判性的方式)。
(5)鼓励伤员叙述事件经过及其感受。
(6)注意伤员的反应,包括表情、谈话的内容及语调。
(7)将伤员送到安全的地方,如医院。

第五节 如何对幸存者进行心理急救
（How to Give Psychological First Aid to the Survivors）

若目睹意外发生，或看见朋友或亲人在意外中受伤或死亡，幸存者可能会有多种情绪反应。救援者也需要在其能力范围内安抚幸存者的情绪。幸存者可能出现的情绪反应包括惶恐、焦虑、忧虑、紧张、情绪低落、内疚、自责、情绪失控、愤怒、震惊、麻木、意识模糊、对外界事物的接受能力减弱以及惊恐发作。

对这类人员的处理要点主要有六个方面。

（1）注意幸存者的安全。
（2）保持冷静的态度。
（3）保持友善、关心及诚恳的态度。
（4）用心聆听（非批判性的方式）。
（5）鼓励幸存者表达自己的感受，并提供安慰。
（6）可参考本章第四节"如何对伤员进行心理急救"中的各种情绪反应处理方法，来应对幸存者的不同情绪反应。

第六节 如何对救援者进行心理急救
（How to Give Psychological First Aid to the Rescuer）

施救是分秒必争的任务。救援者不仅需要迅速为伤员提供急救，还要关注伤员的心理状况和确保幸存者的安全。因此，救援者必须保持冷静的思维和良好的心理状态，同时学会有效处理自身的压力。由于工作性质的特殊性，救援者比一般人更容易目睹事故后的场景，这也增加了他们患上创伤后应激障碍的风险。可能的反应包括情绪反应（困扰、伤心、惊慌、麻木、愤怒、内疚、迷茫）、难以入睡、食欲不振、想要倾诉创伤经历或保持沉默，以及有关创伤事件的场景再次浮现或发噩梦等。这些反应在不同人中可能会有所不同。

间接创伤（Indirect Trauma）是指协助、接触创伤事件幸存者的人可能会经历的间接创伤体验。这些间接创伤经历可能是由于接触多个创伤事件幸存者而积累产生的反应。与直接创伤事件相比，间接创伤事件引发的症状是相似的。协助创伤事件幸存者是一项有意义且有价值的工作，但面对生活中的不幸和困境，救援者可能会受到影响，他们对个人、他人和世界的看法也可能因此而发生变化。

救援者可以通过以下方式来自我帮助。

（1）承认间接创伤的存在。
（2）认识到自己的反应是正常的。
（3）关注并满足自身的身心需求。
（4）平衡工作、休息和娱乐生活。

（5）进行足够的运动，保持均衡的饮食。

（6）与同事建立联系和互相支持。

（7）根据自己的感觉适度分享创伤经历给他人。

（8）保持对工作的意义和希望。

（9）主动寻求工作上或情感上的支持。

（10）在必要时，学会拒绝，可以暂时放下与创伤事件幸存者的接触工作，从事其他工作。

（11）如果需要，积极寻求专业协助。

对救援者的处理要点主要有九个方面。

（1）在救援过程中要保持镇定，冷静的思维有助于救援者做出快而准确的决策。

（2）如果因面对意外事件而感到紧张，可进行深呼吸，以帮助自己冷静下来。

（3）在适当的时候要向其他人寻求协助和支持，共同应对困难。

（4）如果伤员在施救后不幸去世，不要过度自责，理解有些事情尽力而为即可。

（5）要学会正确处理压力，掌握身心松弛的技巧，以保持心理健康。

（6）养成良好的睡眠习惯，确保足够的休息时间。

（7）注意保持均衡饮食，为身体提供所需的营养。

（8）养成定期运动的习惯，以保持身体健康和释放压力。

（9）救援者之间要互相鼓励和支持，建立支持体系，共同应对挑战和困难。

（卓瑜）

第八章 转运及救治危重伤员
（Transport & Manage Critically Ill Victims）

第一节 转运危重伤员（Transport Critically Ill Victims）

一、转运医学的定义

安全、有效地运送危重伤员，使其能尽快到达创伤救治中心或医院，获得更好的医疗设备，接受更好的治疗。

二、转运方式

转运方式可以根据伤员的伤情、数量、转运距离以及现场环境等因素来确定，做到因地制宜，进行安全、有效的转运。主要有下面四种转运方式。

（一）地面转运

地面转运主要使用救护车。当120指挥中心接到求救电话后，将立即响应，并迅速调度救护车到达创伤现场。目前最常用、最广泛、最成熟的转运方式就是救护车转运。在特殊情况下，可能会使用火车、货车、小汽车等其他地面交通工具，然而地面转运可能受交通堵塞的影响，对于远距离的转运可能并不适宜。救护车在行驶过程中可能会遇到占用高速公路应急车道和不礼让的行为，这些都可能严重妨碍地面转运的安全性和效率。

（二）空中转运

空中转运以其高效和迅速，特别适合远距离转运或是地面转运无法实行的情况。例如在汶川地震时，由于大量山区道路遭受破坏，使得救护车无法达到现场，这种情况下就需依赖直升机进行转运。然而，空中转运的实行常常受天气的严重影响，在恶劣或极端的天气条件下，空中转运的安全性会被严重威胁。

（三）水面转运

水上转运通常适用于在河边、江边或海边发生的人员受伤或灾难情况。救护艇是最常用的工具，另外，轮船和渔船等也是常见的转运工具。

（四）综合转运

综合转运是指综合运用两种或两种以上的转运方式，比如空中转运和地面转运，或水上转运与地面转运的组合。由于大多数医院既不设有空中转运的着陆点，也不位于河边、江边或海边，因此，空中转运和水上转运在实际操作中往往需要配合地面转运进行。

三、影响转运的因素

（一）病情变化

对于危重伤员来说，病情变化是影响转运的最主要因素。

（二）转运团队的知识和技能

一般来说，一个转运团队需要配置3~4人，其中包括1名队长，1~2名救护队员，以及1名司机。转运团队具备的创伤救治和转运的知识和技能，以及团队合作会对转运产生明显影响，如影响转运效率，以及对伤员病情变化的及时处理等。

（三）救护车设置和设备

救护车的设置要合理，设备要齐全，一般要配备以下五个方面的设备。
（1）移动担架。转运团队要熟练掌握安全操作担架的方法。
（2）无线电话。无线电话可以保证转运团队和指挥中心以及医院的有效联系，提高救治效率和成功率。
（3）呼吸设备，包括氧气装置和转运呼吸机。
（4）急救箱，包括口咽通气管、血容量检测仪、气管插管装置、静脉注射装置、绷带、SAM夹板等。
（5）其他，包括心电图机、除颤仪、脊柱板＋颈托、急救药物＋止痛气体等。

（四）其他因素

（1）天气条件，例如降雨、降雪、冰雹或台风等。
（2）道路状况，如山区道路的崎岖、多弯和颠簸等。
（3）空间限制。救护车内的空间相对狭小，这可能会妨碍一些医疗救治操作的正常进行。
（4）光线不足。特别是在夜间，车内光线可能会明显不足。
（5）噪声。车内外的噪声可能会增加伤员的压力，并影响救护人员与伤员之间的交流。
（6）救护车的频繁加速和急刹车。救护车的匀速行驶可以降低由惯性造成的伤员血流动力学变化，同时也有利于救护人员的操作。然而，实际情况中往往无法避免频繁的加速和急刹车,我们只能尽可能地减少这些情况的发生。

(7)温度、湿度及气压变化。理想情况下,温度应保持在22~28℃,湿度应保持在70%左右,气压应接近标准大气压。气压的变化可能会加重胸部创伤伤员的不适,应密切观察并及时处理疑似创伤性气胸等病症的伤员。

(8)移动诱发疾病。在移动重伤伤员时,可能会诱发相关疾病,如颈椎二次损伤等。

(9)伤员的固定。

(10)人力资源有限以及疲劳等。

四、转运前准备

(一)沟通

转运前需要进行有效的沟通:一方面,转运团队成员之间需要有效的沟通,队长快速确定是否具备转运条件;另一方面,要向指挥中心做好口头报告,同时联系伤员接收医院。报告的内容主要包括MIVT:受伤机制(Mechanism)、受伤情况(Injury)、重要生命体征(Vital Signs)、已给予的治疗和预计到达时间(Treatment Given & Time of Arrival)。

(二)书面记录

要做好书面记录,这不仅是院内救治的参考依据,也是法律依据。记录的主要内容包括:转运指令、到达救援现场时伤员的状况和生命体征,以及救护人员对伤员的病情管理等。

(三)设备

检查仪器设备是否齐全、适用。主要包括以下几方面的仪器和设备。

(1)转运箱/急救包。

(2)监护设备,可以监测心电图(ECG)、呼吸(RR)、血压(BP)、血氧饱和度(SpO_2),以及呼气末二氧化碳分压($PetCO_2$)。

(3)支持设备,包括除颤仪、呼吸机、输液泵、氧气瓶(D型,320L,持续30分钟;G型,1400L;K型,3400L)。

(4)药物,包括急救药、镇痛药等。

(四)评估

1. 初步评估,按XABCDE的顺序进行

(1)X(eXsanguination):控制大出血。

(2)A(Airway+Cervical Spine Immobilization):气道处理+固定颈椎。

（3）B（Breathing）：呼吸处理。

（4）C（Circulation）：循环处理。

（5）D（Disability）：评估神经功能缺损。

（6）E（Exposure）：暴露伤员并进行全身快速检查。

2. 快速评估

遵循从头到脚的原则快速进行全身检查。各个部位都应该重点检查相对应的情况：

（1）头部、面颊：有无伤口，是否压痛。

（2）眼、耳、口、鼻：有无伤口，是否压痛，耳、鼻有无脑脊液等异常渗液。

（3）颈部：气管是否居中，颈静脉充盈情况。

（4）胸部：有无伤口，是否压痛，呼吸频率和节律是否异常，有无异常呼吸音，胸廓起伏是否对称，心音是否异常等。

（5）腹部：有无伤口，是否压痛，有无硬实感、皮肤瘀斑等。

（6）盆腔及生殖器官：有无伤口，是否压痛，有无出血。

（7）四肢：有无伤口，是否压痛，有无畸形、骨折，以及动脉搏动、甲床充盈和皮肤温度等情况。

（8）背部：有无伤口，是否压痛，有无脊柱损伤。

3. 决策

确定是否可以立即转运，队长负责下达指令。

4. 装载和出发

下达转运指令后，快速装载并出发。

五、途中评估

（一）再次检查

1. 病史（SAMPLE）

（1）S＝体征与症状：危重伤员受伤的情况。

（2）A＝过敏史：确定伤员是否对某种药物过敏或有其他不良反应。

（3）M＝用药史：确定伤员是否正在服用药物，以了解其潜伏或已存在的疾病。

（4）P＝既往史/孕产史：已存在的疾病可以增加伤员的易感性，如哮喘、慢性阻塞性肺疾病、冠状动脉疾病等。对女性伤员的孕产史也要做一定的了解。

（5）L＝最后一次进食、最后一次破伤风针、最后一次经期等。行气管插管前要了解伤员什么时候进食了最后一餐，以防止其呕吐或者误吸。有开放性伤口的伤员，要询问最后是否注射破伤风抗毒素，这个至关重要。对女性伤员，要了解最后一次经期。

（6）E＝导致伤害的事件：这次创伤或者灾难是由什么事件引起的。

2. 生命体征

生命体征包括脉搏、血压、呼吸、体温等。

3. 气道、呼吸、循环（ABC）＋格拉斯哥昏迷量表（GCS）＋全身检查

按照规范再次对伤员进行各项检查。

4. 报告内容（MIVT）

报告内容有：受伤机制（Mechanism），受伤情况（Injury），重要生命体征（Vital Signs），已给予的治疗和预计到达时间（Treatment Given & Time of Arrival）。

（二）持续评估

气道、呼吸、循环（ABC）＋每5～15分钟全身检查。

六、途中的干预

（一）严密观察，识别病情是否恶化，及时处理险情

（1）气道是否阻塞，氧饱和度是否降低。
（2）有无呼吸窘迫、呼吸骤停。
（3）是否出现低血压、严重出血以及休克的表现。
（4）有无心律失常。
（5）是否出现昏迷、癫痫或颅内压增高。
（6）有无体温过低。

（二）若出现仪器事故，应及时处理

（1）出现气管插管导管移位：立即调整导管位置，或者重新进行气管插管。
（2）供氧失败：检查环路是否断开，氧气瓶开关是否打开，压力是否正常。
（3）呼吸机故障：立即用球囊辅助呼吸。
（4）心电监护仪故障：使用便携式指脉氧监测仪或者人工判断。
（5）输液泵故障：更换备用输液泵或者输液加压器。
（6）设备连接不稳：重新连接。
（7）仪器准备不足：用其他方法代替。

（三）若出现系统事件，则较难干预

（1）联系中断：尽快尝试再次联系。
（2）环境限制：尽力保证伤员以及自身安全。

第二节　在转运途中救治危重伤员
（Manage Critically Ill Victims During Transport）

2020年美国心脏协会（American Heart Association，AHA）发布的《心肺复苏及心血

管急救指南更新》（简称《指南更新》）将心脏骤停生存链分为两链，一链为院内心脏骤停生存链，另一链为院外心脏骤停生存链。详见图8.1。

院内心脏骤停生存链 IHCA

监测和预防 — 识别和启动应急反应系统 — 即时高质量心肺复苏 — 快速除颤 — 高级生命支持和复苏后处理

院外心脏骤停生存链 OHCA

识别和启动应急反应系统 — 即时高质量心肺复苏 — 快速除颤 — 基础和高级急救医疗服务 — 高级生命支持和复苏后处理

图8.1 2020美国心脏协会院内与院外心脏骤停生存链

一、院外心肺复苏

院外心肺复苏（Out-of-Hospital Cardiopulmonary Resuscitation）主要包括五个环节：识别和启动应急反应系统，即时高质量心肺复苏（通常是基础生命支持），快速除颤，基础和高级急救医疗服务，高级生命支持和复苏后处理。下面分基础生命支持（Basic Life Support，BLS）和高级心脏生命支持（Advanced Cardiac Life Support，ACLS）两部分进行讲解。

（一）基础生命支持

基础生命支持主要包括徒手心肺复苏术（CPR）和电除颤（如AED）。

（1）气道（A）：开放气道，主要是指用手法开放气道，包括仰头抬颏法、双手托颌法等。

（2）呼吸（B）：施行人工呼吸，方式可为口对口、口对鼻或者口对口鼻，也可选择使用球囊面罩进行呼吸维持。

（3）循环（C）：执行胸外心脏按压。

（4）除颤（D）：进行电除颤，院前最常用的是自动体外除颤仪（AED）。

（5）《指南更新》中指出，关于基础生命支持的更新要特别注意以下五点。

①按压深度。成人不少于5cm，儿童为5cm，婴儿为4cm。《指南更新》在建议成人按压深度至少5cm的同时，加入了新的证据，表明按压深度可能应有上限（6cm），超过此深度可能会造成损伤。

②按压频率。不论成人、儿童还是婴儿（不包括新生儿，下同），都建议以100～120次/分的速度匀速进行，也就是要在15～18秒完成30次胸外心脏按压。《指南更新》建议最低的按压频率仍是100次/分，设定的上限是120次/分。设立上限是因为一项大型的注册系列研究表明，当速率超过120次/分时，按压深度会由于剂量依存的原理而减少。

③按压和呼吸比。单人心肺复苏时，不论成人、儿童还是婴儿，均为30∶2；双人心肺复苏时，成人为30∶2，儿童和婴儿为15∶2。

④胸廓回弹。救援者应避免在按压间隙倚靠在伤员胸上，以便每次按压后胸廓充分回弹。

⑤先给予电击，还是先进行心肺复苏。对于目击的心脏骤停，当可以取得AED时，应尽快进行电除颤。若成人在未受监控的情况下发生心脏骤停，或不能立即取得AED，应在取得AED之前先进行心肺复苏。视伤员情况，在设备可供使用后，尽快尝试电除颤。《指南更新》指出，有很多研究对比了在电击前先进行特定时长的胸外心脏按压和AED准备就绪后尽快进行电击两种情况，两种情况的伤员预后没有出现差别。

（6）2020年美国心脏协会发布了心肺复苏的具体操作流程，参考图8.2。

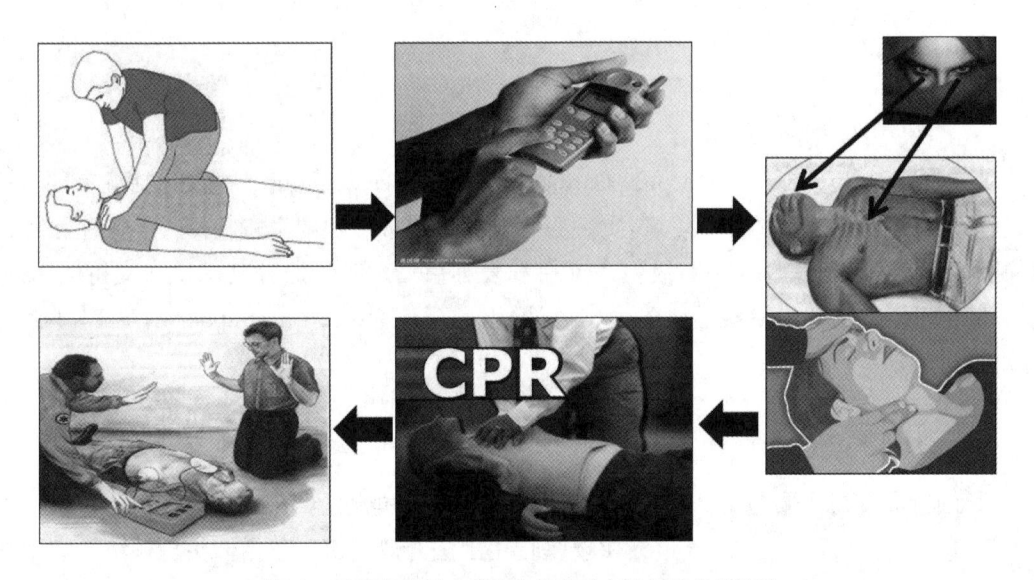

图8.2　2020年美国心脏协会发布的心肺复苏操作流程

（二）高级生命支持

1. 处理原则

（1）气道（A）：主要指建立高级人工气道，如进行气管插管、安置喉罩气道等。

（2）呼吸（B）：经高级人工气道进行呼吸，如将气管内插管（Endotracheal Tube，ETT）接球囊通气或接呼吸机等。

（3）循环（C）：建立静脉通道及给药。

（4）鉴别诊断（D）：识别心脏骤停原因。

2. 心脏骤停与常见心律失常

心律失常（Cardiac Arrhythmia）是心血管疾病中重要的一组疾病。它可单独发病，亦可与其他心血管疾病伴发。心律失常的临床表现取决于节律和频率异常对血流动力学的影响，如果病情轻微，患者会出现心悸和运动耐量下降；如果病情严重，可能会引发或加重心功能不全，甚至可能引起由心脏骤停引发的昏厥或心脏性猝死。常见的心律失常种类包括室颤（VF）、无脉性室速（VT）、无脉性电活动（PEA）、心脏停搏（Asystole）。

3. 导致心脏骤停的常见原因和处理方法（5H & 5T）

（1）缺氧（Hypoxia）：给予高浓度吸氧。

（2）低血容量（Hypovolaemia）：输液治疗，快速补充血容量。

（3）酸中毒（Hydrogenions）：静脉滴注5%碳酸氢钠，改善通气。

（4）低钾/高钾血症（Hypokalaemia/Hyperkalemia）：低钾血症者，要及时补钾；高钾血症者，可给予10%葡萄糖酸钙静脉缓推，胰岛素加50%葡萄糖溶液静脉泵入，5%碳酸氢钠快速静脉滴注等。

（5）低体温（Hypothermia）：给予棉被等保暖。

（6）中毒或者药物过量（Toxins）：给予气道、呼吸、循环（ABC）支持，给予解毒剂。

（7）心包填塞（Cardiac Tamponade）：在超声引导下进行心包穿刺引流。

（8）张力性气胸（Tension Pneumothorax）：紧急穿刺排气减压。

（9）心血栓形成（急性心梗）（Thrombosis-Cardiac）：可经皮冠状动脉介入治疗（PCI）或者溶栓治疗。

（10）肺血栓形成（肺栓塞）（Thrombosis-Pulmonary）：溶栓治疗。

4. 心脏骤停的处理方法（见表8.1）

心脏骤停的处理方法见表8.1。

表8.1 心脏骤停的处理方法

心律失常的常见种类	处理
室颤（VF）	CPR、除颤、高级气道、静脉通道 强心药：肾上腺素1mg i.v.（每3~5分） 抗心律失常药：胺碘酮150~300mg i.v. 找出并处理5H & 5T原因
无脉性室速（VT）	CPR、除颤、高级气道、静脉通道 强心药：肾上腺素1mg i.v.（每3~5分） 抗心律失常药：胺碘酮150~300mg i.v. 找出并处理5H & 5T原因
无脉性电活动（PEA）	CPR、高级气道、静脉通道 强心药：肾上腺素1mg i.v.（每3~5分） 找出并处理5H & 5T原因

续表8.1

心律失常的常见种类	处理
心脏停搏（Asystole）	CPR、高级气道、静脉通道 强心药：肾上腺素1mg i.v.（每3～5分） 找出并处理5H & 5T原因

5. 其他心律失常的处理方法

其他心律失常的处理方法见表8.2。

表8.2　其他心律失常的处理方法

其他心律失常	处理
心动过缓 （血压低）	静脉通道、吸氧、心电监护 阿托品0.5mg静脉注射（最高可给6个推剂） 经皮起搏TCP（速率为70bpm，电压从40mA往上加） 多巴胺或者肾上腺素稀释液静脉泵入
不稳定性心动过速 （血压低）	静脉通道、吸氧、心电监护 适当给予镇静药物 电复律100J→120J→150J→170J→200J
稳定性心动过速 （血压正常）	静脉通道、吸氧、心电监护 分析12导联ECG以确定心动过速类型 ①心房扑动/心房颤动：先控制心率——β受体阻滞剂，如美托洛尔5mg静脉泵入；钙通道阻滞剂，如地尔硫䓬15mg稀释后静脉缓推等。后控制节律——胺碘酮150mg静脉缓推或滴注。 ②室上性心动过速：ATP 10mg→20mg→20mg i.v. ③有脉室速：胺碘酮150mg i.v.

二、院内心肺复苏

院内心肺复苏（In-Hospital Cardio-pulmonary Resuscitation）与院外心肺复苏的抢救原则（见图8.1）基本一致，而院内心肺复苏更重视对心脏骤停的监测和预防。

（张钟满）

第九章 灾难救援——从汶川到尼泊尔
（Disaster Rescue Experience—From Wenchuan to Nepal）

第一节 地震灾难的异同
（Similarities and Differences of Earthquake Disasters）

2008年5月12日14时28分04秒，位于龙门山地震带的四川汶川、北川发生里氏8.0级地震，破坏性强，波及范围广，伤亡人数多。

2015年4月25日14时11分，位于喜马拉雅地震带的尼泊尔博克拉市（北纬28.2度，东经84.7度）发生里氏8.1级地震。震中附近为山地破碎地形，滑坡等次生灾难发生风险极高。震区建筑物抗震性能很差，损失严重。此外，尼泊尔的大量文化古迹被损毁，损失难以估量。中国西藏地区震感强烈。

两地位于亚欧板块、太平洋板块、印度洋板块之间，同处世界上地震火山分布最广、最活跃的环太平洋地震带，因此地震活跃，且破坏力巨大。两地地震发生时间相似，均为工作时间。这两次地震都在山区发生，这使得救援工作面临着挑战；它们的震源深度均较浅，导致破坏力巨大；由于地震烈度、现场地形以及人工建筑的特点，这两次地震均导致了严重的人员伤亡、财产损失和环境破坏。

第二节 地震医学救援的进步
（Advancements in Medical Rescue for Earthquakes）

汶川地震对当时的医学应急救援体系构成了严峻挑战。2008年汶川地震之前，我国在应急医学救援领域的实践和研究较为有限，这一点从相关文献中便可见一斑。地震发生后，暴露出诸多值得深思的问题。基于对汶川地震救援经验的反思和总结，国内灾难医学救援领域实现了显著进步。在应对汶川地震的物资投入方面，各方反应迅速。震后半小时内，国家和省级指挥机构均启动了一级响应。超过70%的重灾区市县医疗机构派出医疗队，超过85%的重灾区县级医疗机构开始收治伤员。震后1小时，省急救中心第一支医疗队赶赴灾区；12小时内，96支省内医疗队抵达灾区；24小时内，已有474支省内外医疗队进入灾区。尽管救援队伍数量不断增加，但具备规模和高效能力的队伍相对有限。这种短期内救援队伍数量的增加，暴露了指挥不力和队伍建设不足的问题。当时的应急救援建设不完善，导致许多救援队伍缺乏专业装备，影响了灾区救援效率。但得益于国家的强力动员和地区性大型医疗中心的技术力量，汶川地震医学救援还是取得了显著成就。地震救援期间，广泛使用固定翼飞机和直升机进行救援队伍和物资的运输及伤病员转运，为后续救援积累了宝贵经验。随后，关于灾难医学救援管理、实践、预案建设等方面的研究不断涌现，推动了国内灾难医学救援水平的不断提升。国家也投入大量财政经费，在多地建立国家级卫生应急救援队，承担区域性和国际性救援任务。例如，四川省（国家）卫生应急救援队就是在此背景下成立的，它在尼泊尔地震救援中发挥了重要作用。

尼泊尔地震救援是中国参与的诸多海外灾难医学救援任务中的一个。通常情况下，我国派出的是中国国家地震灾害紧急救援队，也称为"中国国际救援队"。然而，此次尼泊尔地震发生后，国务院首先派出的却是四川省（国家）卫生应急救援队，代表中国执行海外救援任务。这一决策主要是因为四川省（国家）卫生应急救援队专注于高原地震救援，并且与尼泊尔地理位置较近，有利于快速响应。与汶川地震救援相比，此次海外救援任务中，中国以有序、计划性的方式派遣救援队伍，每支队伍都配备了包括急救装备、检验设备和生活物资等在内的模块化、高效的物资准备，体现了自汶川地震以来，中国在灾难医学救援建设方面取得的显著成果。

第三节　海外灾难救援的反思
（Reflection on Overseas Disaster Relief）

一、海外灾难救援定位

在国内各医院进行灾难医学救援时，通常采取"以我为主"的救援策略，尤其是区域性大型医院。这是因为，区域性大型医院长期积累的技术优势和学术影响力，使得灾区愿意接纳其组织的全方位救助。同时，当地医疗机构也会乐意提供尽可能全面的支持。然而，在海外救援中，由于国情和文化的差异，救援队首先需要尊重受灾国的主权，尊重当地的救援需求，并且一般需要得到许可才能开展特定的救援任务。因此，国内的救援尤其可能采取依托当地医院以提升救援能力的方式，而在海外的救援活动中，则更多的是选择建立帐篷医院，与当地建立合作关系，并配合当地救援队的工作。

二、救援队员的遴选

鉴于海外救援的特殊性，在遴选执行海外灾难救援任务的队员时，应选择思想好、技术好、身体好、沟通好、仪表好的"五好"高素质队员。专业技术方面要求广泛涵盖外科、内科、康复、妇科、护理、心理等领域，以便实现高效救治、维护国家形象及展示国际水准。

三、不容忽视的问题

（一）语言问题

在尼泊尔地震的海外救援中，语言障碍成为了一个主要挑战。由于大多数当地居民只会说尼泊尔语，而不懂外语，因此事先了解受灾区的语言环境并准备翻译人员对于救援工作非常关键。在此次救援行动中，曾在中国留学的尼泊尔医学志愿者担任了翻译角色。救援队员们通过英语与这些志愿者沟通，然后志愿者将信息翻译成尼泊尔语，传达给伤病员，有效地解决了沟通问题。此外，救援队员们也在志愿者的协助下，将药品说明书翻译成英语和尼泊尔语，确保了伤病员能够正确理解用药指南。

（二）救援队员的心理问题

在海外灾难救援中，救援队员所面临的心理挑战同样重要。不同于常规救援任务，队员们不仅要不断应对悲伤的场景，如生离死别，还要应对远离家乡的压力和高强度的任务负担。因此，对救援队员的心理支持至关重要。在尼泊尔地震救援任务中，特别配备了心理救援专家。他们不仅为灾区居民提供心理治疗，也对救援队员进行了集体心理辅导。这种做法有效缓解了队员的心理压力，保持了他们的身心健康，确保了救援工作的顺利进行。

（叶磊）

第十章 如何建立院内医疗应对系统
（How to Establish an In-Hospital Medical Response System）

大规模群体创伤事件发生后，大量创伤伤员会在短时间内有序或无序地涌向医疗机构。由于无法满足大量迅速增加的医疗需求，中华医学会急诊分会灾难医学组于2016年在《中华急诊医学杂志》上发表了《大规模伤害事件时医院伤患激增应对能力的专家共识》一文，该文为大规模伤害事件情况下的医疗机构伤患激增应对能力提供了框架性指导意见。大规模群体创伤事件是指突发公共事件中的自然灾难、人为事故以及社会安全事件中常常出现的突发事件。此类事件中大量伤员的救治与常态下的救治相比，需要有更明确的管理与协作的流程，因此，对大规模群体创伤事件在紧急医疗设施中的治疗流程的理解，有助于为此类事件的院内管理及不同科室的协作提供切实的参考。本章在整合国内外应对大型灾难事故的经验和研究的基础上，兼顾我国的具体情况，形成专家共识，以期为《大规模伤害事件时医院伤患激增应对能力的专家共识》中的指导意见提供进一步的补充。

第一节 大规模群体创伤事件发生前的准备
（Preparations for the Occurrence of Large-Scale Mass Trauma Events）

医疗机构要做好建设紧急医学救援体系的准备工作，提升对突发大量伤员的应对能力，这对于大规模群体创伤事件至关重要。医院对伤员激增的应对能力（Hospital Surge Capacity）是指在大规模伤害事件（如自然灾难、大型事故、恐怖袭击或其他突发公共卫生事件）发生后，一个医疗机构需要迅速收治大量伤员，以满足迅速增加的医疗需求的整体能力。一个有效的医院对伤员激增的应对方案能有助于提高在区域内发生大规模伤害事件后的医学应对效率，改善大量伤员的预后，并防止情况进一步恶化。因此，建议医疗机构应在应急准备、指挥机构、应对措施与方案、人员调配、物资配备以及医院环境管理等方面加强和提升，以提升医院对伤员激增的应对能力。

医疗机构应根据当地的具体状况，对医院的规模和基础设施进行合理规划，并积极提升医疗技术，以此来应对无法预见的突发公共事件。由于大规模群体创伤事件无法预先预知，且发生后需要迅速集中救援，因此在医院的基础设施建设上需进行事前规划，例如在非医疗区域安置供氧和供电设备，并进行日常维护，这样在大规模群体创伤事件发生时就可以迅速扩大床位。

第二节 大规模群体创伤事件发生时医院的功能定位
(Functional Positioning of Hospitals During Large-Scale Mass Trauma Events)

各级医疗机构也应在日常工作中，根据实际情况对大规模群体创伤事件的风险和脆弱性进行评估，以便发现潜在的紧急情况，并估计其可能的严重程度和影响。这样在日常工作中制定并实施预案演练，就能更有序地应对这类突发事件。

当大规模群体创伤事件发生时，医疗机构应根据医疗行政部门的指示，明确自己医院的角色。在处理大规模群体创伤事件时，医疗行政部门将依据"集中伤员、集中专家、集中资源和集中治疗"的原则对医院的综合实力、位置和损失情况进行评估，以制订合理的伤员转诊方案和集中治疗方案。各级医疗机构需要明确自己在大规模群体创伤事件中的定位，确定自己的定位是集中治疗点、前线医院还是后方医院。在治疗群体伤员过程中，应将重症伤员在统一指挥下有序地转至高水平的且位置相对近的医疗单位，以便他们可以获得优质的医疗资源，同时也减轻了灾区医院的负担，从整体上降低了重症伤员的死亡率和致残率。具体需要做到以下几点。

（1）各级医疗机构要对收治的各级伤员逐一进行疏理，进行分级统计管理。

（2）要对重症伤员实施集中治疗措施，即将伤员转运至拥有专家资源的优质医疗机构，以最大限度降低死亡率和致残率。

（3）科学制订详细的危重伤员转运计划，并进行分阶段转院。

（4）充分发挥专业专家的作用，强化以急诊医学、创伤外科和重症医学等学科为重点的医疗人力和物资资源建设。必要时，整合区域外的医疗团队一起参与，尽可能集中优质的医疗资源。

大规模群体创伤事件发生时，各级医疗机构应根据其医院的定位来设定治疗目标。集中收治点为灾难现场尚有急救功能的医疗机构，其治疗目标是进行伤员的批量检伤分类，对简单创伤的伤员进行初步救治，并对重伤员的病情进行控制以及制订转诊方案。

前方医院是指那些离灾难现场相对较近的、在灾后仍具备基本救治能力的医院。它的主要职责是进行二次伤患检查，并紧急处理可能威胁到伤患生命的创伤，这可能包括急诊开胸或开腹手术以止血、开颅减压、开放性创伤处理、对骨筋膜室综合征的紧急处理，以及生命支持技术等。

后方医院通常是区域内的大型综合医院，它们具备较高的重症救治能力，并且在大规模灾难中基本未受损，因此具有基本的安全保障。在应急准备中，对后方定点医院的建设应被看作是一项常态化机制，并应得到重视。在一定范围内（例如省级或跨省区域），应事先规定在平时的应急准备中，哪些医院将作为战略中心进行集中接收治疗。这些医院在物资和设备储备、专家网络建设、建筑设施建设、后勤保障设施等方面，应给予政策和经费支持，并在医院里制定集中治疗预案。这样一来，在大规模突发事件发生时，医院可以随时启动预案，实现快速响应。

医疗机构在面对大规模群体创伤事件时，应立即成立领导小组，对医疗行为进行具体的指挥和管理。这需要匹配医院的定位和功能。为了更有效地应对大规模创伤事件导致的患者数量激增，医院还应设立独立的部门，负责协调和管理多方资源。建议各级医院都成立一个名为"应急办公室"的部门，负责协调设备、设施、医务人员、药剂科、实验室以及检查室等多方资源。应急办公室应有明确的成员名单，岗位说明如主任、秘书等，岗位职责，定期召开的例会机制，以及明确的事件报告流程。在大规模群体创伤事件发生之时，应由该部门牵头成立医疗机构的领导指挥小组，整体协调和管理面对患者激增时的医疗资源，同时负责院内外的资源整合和沟通。

第三节　大规模群体创伤事件的院内检伤分类
（Hospital Triage in Large-Scale Mass Trauma Events）

各级医疗机构应在医院内建立针对大型群体伤害事件的伤员筛查分类场所。当有大量伤员涌入时，各级医疗机构应及时在医院内设立伤员筛查分类场所，进行伤情初步判断，并确定治疗的优先顺序，制定相关导流策略。根据过往的救援经验，只要不会影响交通，最理想的伤员筛查分类场所就是设立在急诊部门外的开放空地或广场。此类场所的具体大小并无固定要求，也无标准可供参考，应根据具体情况进行判断，需因地制宜。

院内针对大规模群体创伤事件的伤员检伤分类，分为二次检伤分类、三次检伤分类和反向检伤分类。其中，二次检伤分类既可以在院前也可以在院内进行，其主要目的是评估初次检伤并分类后，伤员的病情变化。这可以帮助我们进一步分类，制定救治的优先级别，常用方法是相对简单的创伤评分方案，比如RTS评分、CRAMS评分等。三次检伤分类的目标在于根据不同类别的伤员做出进一步决策，比如是否进入ICU、是否需要紧急手术等，通常采用的是较为复杂的评分方案，例如ISS评分、SOFA评分以及APACHE评分等。在非战争环境中，反向检伤分类主要指所有医疗机构对住院患者进行病情评估，挑选出病情较稳定的伤员返回社区或回家休养，待紧急事件过后再返回医院接受处理。

第四节　大规模群体创伤事件的资源调配方案
（Resource Allocation Plan for Large-Scale Mass Trauma Events）

在灾害准备阶段，各医疗机构需构筑紧急医疗救援物资及人员储备库。现行体制下，大规模存储紧急物资可能面临实际困难，因此，医院可选择创建紧急医疗救援物资资源库，比如与医疗物资供应商签署快速供应协议，以便在需求剧增时通过紧急采购方案进行物资补充。然而，目前并无针对医院物资储存量的统一标准，应根据地方灾难发生的风险和范围作具体分析。对于价格高昂的设备，在大型伤害事件中可能需考虑全地区的设备平衡使用。与邻近医院和/或社区卫生机构协作有利于设备资源共享，这对大规模伤员救治可能十分有益。此外，实验室设备和消耗品也应纳入供应决策考虑范围内。

在面临群体创伤事件时，医院可能会遭遇人力资源短缺问题，针对此情况，医院管理者应启动紧急人员调集机制。该机制包含紧急人员调集方案的启动流程、责任人设定，以及预估方案工作量——需要确定需调动的人员数量以及所需的专业人员类型。医院应常态化建立人员资源库，该资源库涵盖本医院职员、已经与医院建立联系的外部专家，并且应准确记载他们的联系方式以便随时调用。人员资源库还应包含"人员专业技能培训项目"，即为本医院职工提供各项专业培训，以形成具有多种专业能力的人才库；同时，还应权衡专家组内人员，根据不同的紧急事件构建不同的专家小组模块。

在灾害准备阶段，各医疗机构必须构建一个专家咨询系统。在灾害发生前，医院需要设立三级专家咨询体系，由专家顾问团、国家/省部级的联合专家团队和院内专家组构成。通过安排专家驻院和明确分工，充分发挥专家的作用以提高急救效果。同时，根据治疗进程，医院应及时调整专家团队的专业构成，并建立一个包含重症医学、急诊科和各类外科等多个学科的紧急医疗救援专家库。

第五节　大规模群体创伤事件中创伤伤员的救治流程
（Treatment Process for Trauma Victims in Large-Scale Mass Trauma Events）

在大规模群体创伤事件发生时，医疗机构应聚集相关专业的专家，对伤员的情况进行快速评定，并制定治疗决策。灾害发生后，卫生行政部门会遵循四个集中原则，根据大型灾难救援的需求，选择适当的专家集中。专家主要会聚集在指定的后方医院，在必要时，可通过指挥机构的安排，前往一线医院进行指导。此时，各级医疗机构应积极配合专家的工作，并可以组织本医疗机构内相关专业的专家进行协作，根据实际情况一起制定救治决策。

各个集中接收伤员的定点医院都应该高度重视危重伤员的救治工作。建议每个医疗机构成立一个由院领导担任组长的救治小组，加强重症监护室以及所有相关临床和辅助科室的人力和床位资源，有效地调配设备、药品以及医疗器械，以保障救治工作的顺利进行。

在救治阶段，应取消科室行政管理结构，实行集中监护治疗。与此同时，与支援专家保持紧密配合，采取如组建治疗小组、多学科联合查房、对复杂伤员进行重点讨论、实时调整治疗方案等措施对危重伤员进行救治，严格按照制度管理，执行24小时监护和管理。

在大规模的群体创伤事件发生时，医疗机构应该制定并规范具有强操作性的各种创伤的紧急处理流程。每个医疗机构都应该根据伤员情况、灾难状况和医疗资源状况来制定系列的危重伤员救治措施和规范，以保障危重伤员的登记、治疗以及转院等工作的有序进行。明确患者的医疗原则，即在医疗资源不足的情况下，救治原则与日常情况不

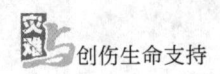

同，只能确保尽可能多的伤员得到最大限度的医疗救治，从而最大限度地降低死亡率。

  规范救治流程的主要目的是明确在本医疗机构中某一类型伤员的检查以及诊断目标，使得整个流程具备可操作性。根据实际情况，每个医疗机构应该安排相关的处理流程。

（胡海）

第十一章　公共安全突发事件与TEMS紧急医疗救援（Civilian Public Safety Emergencies & Tactical Emergency Medical Support）

第一节　公共安全突发事件的TEMS紧急医疗救援（Tactical Emergency Medical Support to Civilian Public Safety Emergencies）

一、公共安全突发事件概述与类型

公共安全突发事件指的是在民用环境中可能发生的、涉及使用危险物品或武器对人民造成伤害的各种紧急情况。这些事件包括但不限于银行抢劫、绑架勒索、针对重要人物的暴力行为，以及恐怖主义活动等，对公共秩序和公民安全构成严重威胁。

在中国，得益于严格的枪械管制和有效的公共安全管理，涉及枪支的暴力事件极为罕见。常见的公共安全突发事件包括但不限于：银行抢劫、绑架勒索、公共场所暴力行为、重要人物安全威胁、恐怖主义活动。

中国的公共安全机构具备高效的应急响应能力，通过预防措施和应急演练，确保在紧急事件发生时能够迅速采取行动，最大限度地保护公民的安全和减少潜在损害。

情景1

如果您是医院的医护人员（如护士、医生、急救医疗技术人员EMT），
您现在被要求参与一项特殊的紧急医疗救援行动，
需要前往一个正在发生严重公共安全事件的区域，参与救治受伤的民众，
您知道如何有效配合并执行您的医疗救援职责吗？

情景2

如果您是医院的医护人员（如护士、医生、急救医疗技术人员EMT），
目前，有劫匪在您所在的医院附近抢劫银行，并伤害了一些客户和银行工作人员。
警方已经及时响应并封锁了现场，劫匪挟持了多名人质。
现在，警方请求贵医院派出一支医疗队，准备对受伤的受害者进行紧急救治。
您知道如何配合警方工作，以及如何响应此类紧急医疗救援任务吗？

二、为什么公众需要接受紧急医疗救援培训

专家认为，当紧急情况发生时，现场的公众往往才是真正的第一反应者。接受过紧急医疗救援培训的人员在处理危机时更加自信和有效。他们能够更好地配合警察等应急人员的行动，会对紧急情况的处置结果产生显著的、积极的，有时甚至是挽救生命的影响。因此，公众需要学习医疗救援知识和技能。

三、TEMS紧急医疗救援

TEMS紧急医疗救援是指在紧急情况下提供的医疗支援，旨在挽救生命、防止伤势恶化，并促进受害者的快速恢复。

1. TEMS紧急医疗救援的历史与发展

在2006年，为了降低战场上的死亡率，美国军队成立了战术战斗伤员救护委员会（co-TCCC），并基于美国EMT国家学院（NAEMT）院前创伤生命支持（PHTLS）的概念，开发了适用于军事人员的紧急医疗救援课程（Tactical Combat Casualty Care, TCCC）。这一培训显著提升了军事人员处理严重创伤的能力，并有效降低了死亡率。

随着对公共安全需求的增加，特别是在面对枪击等紧急情况时，战术战斗伤员救护委员会在2010年将这些救护概念扩展到普通公众领域，开发了紧急伤员救护（Tactical Emergency Casualty Care, TECC）课程。随后，美国EMT国家学院又正式开展了内容相近的紧急医疗救援（Tactical Emergency Medical Support, TEMS）课程。这些课程得到了英国资历培训核准中心（TQUK）的认证，并在世界各地推广。本章内容将集中讨论TEMS紧急医疗救援的理念和实践。

2. TEMS紧急医疗救援的目标

TEMS紧急医疗救援的目标如下：
①在紧急情况下迅速救援伤员。
②防止伤员伤势恶化或进一步受伤。
③确保救援行动的顺利完成，保障受害者及救援人员的安全。

3. TEMS紧急医疗救援的时间观念

TEMS紧急医疗救援中的时间观念至关重要，它包括所谓的"黄金一小时"（Golden one hour）和"白金十分钟"（Platinum 10 minutes）。这些概念与院前创伤生命支持（PHTLS）的时间观念有所区别，但同样强调了在伤后初期迅速进行医疗干预的重要性（表11.1）。

黄金一小时（60分钟）的的具体内容包括以下几个关键阶段：
①前10分钟：从救援人员到达现场开始，迅速定位伤员并为伤员的大出血进行初步止血。
②接下来的10分钟：在伤员集中点进行快速评估（MARCH评估，即评估Major伤势、Airway气道、Respiration呼吸、Circulation循环、Head injury头部伤害），这一阶段被称为"白金十分钟"。
③随后的20分钟：迅速将伤员转移到附近的临时医疗站，以便进行更高级的医疗

处理。

④最后的20分钟：在医疗站进行手术前的准备工作，包括伤情的详细评估和必要的稳定措施。

在紧急医疗救援中，每一分钟都极为宝贵，及时的救治可以显著提高伤员的生存率和康复质量。因此，救援人员必须具备高效的时间管理和救治技能，以确保在整个救援过程中能够迅速、有序地响应。

表11.1　院前生命支持与TEMS紧急医疗救援的时间观念对比

	院前生命支持	TEMS紧急医疗救援
黄金一小时	在严重创伤事故发生后的1小时内，救援队必须到达现场并开始抢救伤员。	为了提升生存率，伤员自受伤伊始至接受手术治疗的时间应控制在1小时以内。
白金十分钟	到达现场后，救援队对严重伤员的现场评估及必要的干预应在10分钟内完成。	伤员若能在受伤不到10分钟的时间内即刻获得急救治疗，将有效提升其存活率。

第二节　TEMS紧急医疗救援的策略应用
（Application of Tactical Emergency Medical Support Strategy）

一、TEMS紧急医疗救援团队

1. 救援小队

（1）队长。

队长在救援行动中扮演着核心角色，负责发出指令、制订救援计划，并与相关部门进行有效协调。此外，队长还需与医疗中心保持密切沟通，确保救援行动的顺利进行和资源的合理分配。

（2）团队成员。

团队成员的任务是听从队长的指令，执行具体的救援任务，确保任务完成。在团队成员中，医疗队员是团队的重要组成部分，他们负责为伤员提供及时的医疗救助。

（3）医疗队员。

①紧急医疗技术员（Emergency Medical Technician, EMT）

紧急医疗技术员是救援小队的关键角色，每个救援小队配备有紧急医疗技术员，负责提供现场急救。他们具备基本的医疗救护技能，能够在紧急情况下迅速响应。

②高级医疗救护人员（Advanced Medical Paramedic, AMP）

高级医疗救护人员则在需要时加入大型救援团队。他们接受过更高级的医疗培训，能够提供更为专业的急救服务，处理更为复杂的医疗紧急情况。

2. 急救物资

（1）创伤急救包。

医疗团队应配备创伤急救包,以应对现场可能出现的各种医疗需求。急救包中应包含常用药物包括:

止痛药:用于缓解伤员的疼痛。

抗生素:预防感染。

止血药:用于控制出血。

常用的止血药包括氨甲环酸(Tranexamic Acid, TXA),它是一种抗纤维蛋白溶解(antifibrinolytics),用于防止血栓分解。使用时应将1克氨甲环酸溶于100毫升的生理盐水(NS)或林格氏液(LR)中,通过静脉(IV)途径在受伤后3小时内给予。此后,应在首次给药后再次给予1克氨甲环酸,以确保止血效果。

3.转运工具

为了确保伤员能够安全且迅速地从现场转运至医疗机构,医疗团队应携带适当的转运工具,包括:

拖行带:用于在复杂地形中快速移动伤员。

卷式担架:便于携带,可快速展开使用的担架,适合各种救援场合。

二、救援团队的行动布局与策略

1.安全接近与评估策略

(1)远距离评估伤员。

停止威胁(Stop the Threat):确保现场安全,消除对救援人员和伤员的直接威胁。

评估现场(Assess the Scene):对现场进行全面评估,判断是否存在潜在危险。

解除危险(Free of Danger):确认现场安全,没有立即的威胁。

评估伤员状况(Evaluate Victim's Condition):远距离评估伤员的气道、呼吸和意识状况。

(2)接近伤员进行检查。

大出血控制:对伤员的大出血进行控制。

气道管理:确保伤员的气道通畅。

呼吸支持:提供必要的呼吸支持。

循环管理:评估和支持伤员的循环状态。

头部伤害与低温症管理:处理头部受伤和低温症问题。

其他处理及撤离:完成其他必要的急救措施并准备撤离。

2.进入危险区域的行动布局

在进入可能存在危险的区域时,救援团队应采取安全的行动布局。领队应位于队伍前方,手持防护装备以确保自身和队伍的安全。医疗人员和其他救援队员应紧随其后,保持警惕并准备在安全的时机进行救援。

领队将首先评估现场情况,并与潜在的威胁者进行沟通,以降低紧张局势。在确保安全的情况下,救援队员和医疗人员应迅速接近伤员并用止血带进行止血,并快速把伤员移离现场。

3.救援行动中的注意事项

在进行救援行动时，需要考虑以下关键因素：

①威胁者的动机：了解威胁者的动机对于预测其行为和制定救援策略至关重要。不同的动机可能影响救援的难度和结果。例如，恐怖主义或宗教极端主义行为可能涉及更复杂的动机，使得谈判和解决更加困难。相比之下，以经济利益为动机的犯罪行为，如银行抢劫或绑架，可能为谈判提供了一定的空间。

②救援目的的明确表达：向威胁者清晰表达救援行动的人道目的，即仅致力于救治伤员，不涉及其他目的。

③现场环境评估：快速扫描现场环境，识别潜在的危险，包括威胁者的位置、武器类型、人质和伤员的数量等。

④安全距离和掩护：确保救援行动保持在安全距离，并利用现场掩护物以减少风险。

⑤沟通与谈判技巧：运用专业的沟通技巧与威胁者进行谈判，同时注意评估和调节对方的情绪情绪状态。

⑥撤离路线规划：预先规划好多个撤离出口和路线，确保在紧急情况下能够迅速安全地撤离伤员和救援人员。

第三节　TEMS紧急医疗救援的应用
（Application of Tactical Emergency Medical Support）

TEMS紧急医救援一般分为以下三个阶段：

①现场急救：在危险环境中，如枪击现场或爆炸区域，首要任务是迅速控制伤员的大出血，同时尽可能减少现场停留时间以降低进一步伤害的风险。

②战术现场救护：在相对安全的伤员集中点（暖区），进行快速的MARCH评估，以识别并优先处理最紧急的医疗需求。

③紧急医疗撤离：在撤离区（冷区），迅速而安全地将伤员转移到医疗机构，同时在转运过程中继续提供必要的医疗监护。

一、第一阶段：现场急救

1.基本原则

在执行救援任务时，我们必须遵循一些基本原则以确保救援行动的有效性和安全性。在危险环境中，首要任务是迅速识别并控制大出血，这是减少人员伤亡风险的最有效急救措施。同时，医疗人员应保持警觉，确保自身安全，避免成为目标，同时为伤员提供必要的急救。在现场急救阶段，重点应放在立即挽救生命的行为上，尤其是控制伤员的大出血。

2.现场急救的行动指南

（1）清醒伤员的处理。

如果伤员保持清醒，指导他们寻找掩护，并迅速使用止血带在出血伤口的近心端进行自救，整个过程应控制在10秒内完成。在确保安全的情况下，伤员可以继续采取防御措施。

（2）无反应伤员的处理。

如果伤员失去意识或无法自行行动，救援人员应迅速将伤员转移到安全地点，并使用止血带在伤口近心端进行紧急止血，同样应尽量在10秒内完成。在危险环境中，救援人员应评估情况，避免不必要的风险。如果情况允许，可将伤员置于安全位置，待更安全时再进行进一步的处理。

（3）危险环境中的医疗行动。

在危险的环境中（热区），避免进行完整的医疗救治。主要目标是迅速控制大出血，同时尽快压制威胁并撤离或掩护伤员。在这种情况下，优先考虑的是伤员的安全撤离，而非现场的全面医疗治疗。

3.大出血的原因

在紧急医疗救援中，伤员可能会因为枪伤或爆炸伤而导致大出血（massive bleeding）或放血式出血（exsanguination）。当失血量超过血液总量的40%（约2L），伤员可能会发展为失代偿性休克。在严重失血的情况下，死亡风险极高，甚至可能在2~3分钟内发生。

历史数据显示，2001年至2006年美军在战争中因四肢大出血而导致的死亡率为27%。而2006年至2011年采战斗应用止血带（Combat Application Tourniquet，CAT）后，死亡率显著下降至10%。

（1）枪伤。

枪伤所造成的伤害程度受多种因素影响。

①子弹的能量：取决于其速度，子弹速度越快，其动能越大，造成的伤口和出血越严重。

动能公式：动能（Kinetic Energy）$=\frac{1}{2}\times$质量（Mass）$\times$速度（Velocity）^{2}

举例来说，低速武器，如手枪，子弹速度小于600m/s；高速武器，如步枪，子弹速度大于600m/s。步枪的速度较快，动能也就更大，所产生的受伤出血也就更严重。

②影响身体组织损伤严重程度的其他因素。

子弹口径（Calibre）：子弹直径越大，对组织的阻力越大，造成的损伤越严重。

子弹变形（Bullet Deformity）：子弹在撞击时的变形程度越大，造成的伤口面积越大。

包壳弹/穿甲子弹（Bullet with Semi-jacket）：特殊子弹类型，如穿甲子弹，因其速度更快、穿透力更强，可能造成更严重的损伤。

子弹翻滚（Bullet Tumbling or Yaw）：子弹在体内的翻滚会增加伤害范围，导致更广泛的组织破坏。

（2）爆炸伤。

爆炸伤可能由各种爆炸装置引起，包括但不限于：手榴弹（Grenade）、地雷（Land mine）、炸弹（Bomb）、炮弹（Cannon）、导弹（Missile）、其他各类爆炸物（any other explosives）。

爆炸产生的冲击波和碎片可在一定范围内造成严重的伤害。例如，手榴弹在爆炸后，其影响范围内的3~10m半径范围内都可能造成严重的伤亡。在这类伤害中，大出血或放血式出血可能导致伤员迅速失血，若不立即得到控制，伤员可能在2~3分钟内因失血过多而死亡，这种死亡速度甚至快于气道阻塞所导致的窒息。

4.大出血的评估

在紧急医疗救援中，对大出血的快速评估至关重要。主要的评估内容为可见活动性动脉大出血：检查是否有血液从动脉喷射或涌出，这种出血通常是最紧急和最危险的，需要立即采取措施进行控制。

5.大出血的管理

在处理大出血时，应使用止血带，并将止血带固定在出血肢体的近心端最高位置，紧固至最紧状态，以阻断出血。止血带的使用时间不应超过2.5小时，以避免因长时间缺血而导致肢体发生永久性坏死。

如果必须从危险区域移动伤员，应考虑以下事项：

①寻找最近且安全的掩护位置。
②规划将伤员移动到掩护点的方法。
③使用止血带控制严重出血。
④注意救援人员的安全风险。
⑤如有需要，使用火力及烟幕提供掩护。
⑥迅速将伤员从危险区域（热区）转移到数百米外的安全且有掩护的伤员集中点（暖区），并在那里进行10分钟的MARCH评估。

伤员移离方法可包括：

（1）人手伤员移离法。

单人拖行：一名救援者负责拖动伤员。

两人拖动：两名救援者共同协作拖行伤员。

海豹三式：这是一种双人协作的拖行方法。

霍斯卡里拖行：这是一种利用伤员自身体重的拖行方法。

（2）采用拖行带移离伤员法。

肩部拖行法：通过肩部使用拖行带进行伤员移动。

足部拖行法：通过足部使用拖行带进行伤员移动。

二、第二阶段：战术现场救护

在TEMS紧急医疗救援的第二阶段，迅速将伤员转移到约500m外有掩护和暂时安全的伤员集中点（CCP），继续对伤员进行较全面的MARCH评估及必要的急救措施。

在救援人员对伤员进行创伤评估和干预期间，其他救援队员应在周围建立安全防护，以保护救援人员及伤员免受意外伤害。这可能会运用到不同人数的战术阵型，如2人、3人或4人阵型。

同时，检查伤员的清醒程度，如果伤员精神状态有改变，首先应确保伤员处于安全状态。

随即对伤员进行全面的MARCH评估，具体包括以下关键方面：

大出血控制（Massive bleeding control）：立即采取措施以控制伤员的严重出血。

气道管理（Airway management）：保障伤员气道的畅通无阻。

呼吸支持（Respiratory support）：对伤员的呼吸状态进行评估，并提供必要的支持。

循环管理（Circulation management）：识别并处理休克症状，努力维持伤员有效的血液循环。

头部伤害管理（Head injury management）：对伤员的头部损伤进行评估，并执行适当的处理措施。

低温症管理（Hypothermia management）：针对由低温环境引起的低温症进行预防和治疗。

1. 再检查控制大出血

如果伤口继续出血，可采取以下几种措施。

增加止血带：如果单条止血带未能有效控制出血，可考虑增加另一条止血带。

止血粉和纱布：用含有止血粉的纱布填充伤口，并持续按压3分钟，随后用加压绷带进行包扎（如以色列绷带）。

止血器使用：使用x-stat止血器，它可直接插入伤口并释放含止血粉的海绵，以促进血块形成并止血。

交界性止血带：若出血点位于腋下或腹股沟等难以用常规止血带控制的部位，应使用交界性止血带（junctional tourniquet）进行止血。

2. 气道管理

（1）气道评估。

如果伤员能够正常说话，通常表示其气道是通畅的。如果伤员不能说话，并伴有打鼾声、咕噜声或无呼吸声，可能表明气道不通畅，需要立即进行干预。

（2）气道干预。

在检查伤员气道并确认出现阻塞时，可采用以下方法打开气道。

鼻咽气道（Nasopharyngeal Airway）：插入鼻咽气道可帮助恢复气道通畅，且通常不需要使用气囊面罩进行通气。

喉罩气道（Laryngeal Mask Airway）：使用喉罩气道时，可能需要配合气囊面罩进行辅助通气。

环甲膜切开或穿刺术（Cricothyroidotomy）：在无法通过其他手段解决气道阻塞时，可考虑进行环甲膜切开或穿刺术以紧急开放气道。

3. 呼吸管理

（1）呼吸评估。

①看（Look）。

观察伤员的面部是否有紫绀现象，这是一个表明可能存在呼吸困难或氧合不足的视觉信号。注意伤员是否使用辅助肌肉进行呼吸，这可能表明呼吸努力的增加。

②听（Listen）。

使用听诊器检查伤员的双侧呼吸音，确认是否存在异常或对称，这可能指示肺部损伤或气胸等问题。

③触（Feel）。

通过触摸伤员的胸部，感觉是否有皮下气肿的迹象，这可能是由于气体泄漏到皮下组织。

（2）呼吸干预。

脉搏血氧仪（Pulse oximeter）：使用脉搏血氧仪监测伤员的血氧饱和度和心率，评估氧合情况。

简单复苏器（BVM resuscitator）：在伤员需要辅助通气时，使用简易复苏器（带有面罩和球囊的设备）进行呼吸支持。

气胸密封贴（Chest seal）：如果怀疑伤员有气胸，可以使用气胸密封贴来封闭胸部的穿透性伤口，防止空气进入胸腔。

针刺减压（Decompression needle）：在伤员出现张力性气胸且情况紧急时，使用针刺减压技术快速释放胸腔内积聚的气体，减轻压力。

4. 循环管理

（1）循环（休克）评估。

①出血检查：检查伤员是否有外部或内部出血的迹象，这些出血可能导致休克。

②脉搏检查：通过触摸脉搏来估计伤员的血压水平。

能触及挠动脉的动脉搏动，表明伤员的收缩压（sBP）至少有80mmHg。能触及股动脉的动脉搏动，表明伤员的收缩压至少有70 mmHg。能触及颈动脉的动脉搏动，表明伤员的收缩压至少有 60mmHg。

③皮肤温度：皮肤湿冷可能是休克的早期迹象。

④微血管充盈时间：如果按压后的微血管充盈时间超过2秒，也可能表明休克状态。

（2）循环干预。

①外出血处理。

止血：使用止血带控制严重出血。

给氧：使用非再吸入式面罩，并提供高流量氧气。

静脉通路：使用大口径静脉导管（14~16号）建立两个静脉通路并进行快速输液。

静脉通路困难：如果无法通过外周静脉获得通路，可尝试颈外静脉穿刺或骨内穿刺。

快速转运：在控制出血和稳定伤员状况后，迅速将伤员转运至医疗设施。

②内出血处理。

在处理疑似内出血的伤员时，首要任务是迅速将伤员转运至医疗设施。在转运过程中，应立即开始稳定伤员的生命体征。这包括使用非再吸入式面罩给予高流量氧气，以确保充足的氧合。同时，通过建立两个大口径静脉导管进行快速输液，以补充血容量和维持循环稳定。

对于严重出血的情况，治疗方案包括静脉输液，使用生理盐水或高渗盐水（hypertonic saline），以及在大量出血时输注血液制品。为了达到最佳的凝血效果，建议按照1:1:1的比例输注浓缩红细胞、血浆和血小板，或在特定情况下考虑使用全血。在整个治疗过程中，持续监测心电图（ECG）和血氧饱和度（SpO_2）是至关重要的，以便及时发现并处理可能出现的并发症。

在某些特殊情况下，如头部损伤，需要特别注意维持足够的脑灌注压（CPP）。这通常意味着需要通过补液来维持伤员的收缩压在100 mmHg以上，或者确保CPP > 60 mmHg（脑灌注压CCP = 平均动脉压MAP–颅内压ICP）。这样的措施有助于预防因低血压导致的继发性脑损伤，从而改善伤员的预后。

5. 头部损伤与低温症管理

（1）头部损伤。

①头部损伤评估。

在对头部损伤进行评估时，首先在现场使用AVPU（Alert，Voice，Pain，Unresponsive）评分来快速评估伤员的意识水平。在现场初步评估后，一旦伤员被转移到医疗设施，将使用格拉斯哥昏迷量表（GCS）进行更详细的意识水平评估。GCS评分是衡量头部损伤严重程度的重要指标，GCS评分≤8/15提示伤员可能存在严重的脑损伤，需要特别注意保护伤员的气道。

接下来，使用瞳孔笔检查瞳孔大小和对光反应，瞳孔扩大可能反映同侧大脑出血。此外，如果伤员出现单侧或双侧瞳孔扩张、无反应，伴随血压高、脉搏缓慢及不规则呼吸，可能表明伤员已经出现颅内压增高。在这种情况下，需要快速转运伤员，并可能需要采取过度换气（hyperventilation）措施以降低颅内压。

②头部损伤干预。

止血：使用头部绷带帮助止血。

眼部保护：使用眼罩以保护受伤的眼睛。

气道保护：确保伤员的气道通畅，维持足够的氧合和通气。

镇静剂使用：使用镇静剂（如苯二氮卓类药物）控制激动的伤员和预防癫痫发作。

（2）低温症。

低温症指体温低于35℃的状况。如果创伤出血的伤员出现低温症，可能伴随酸中毒和凝血功能障碍，这些情况会加重出血并导致预后恶化。因此，及时评估和干预低温症对伤员的救治至关重要。

①低温症评估。

检查伤员的体温，以确定是否存在低温症。

②低温症干预。

更换衣物：将湿衣服更换为干燥衣物，并使用保温毯。

保温措施：给予温暖的毯子，避免直接接触皮肤，以减少热量流失。

保温设备：使用低温预防和管理套件（Hypothermia Prevention and Management Kit，HPMK）或热反射外壳（Heat Reflective Shell）。

温暖输液：给予温暖的静脉输液，以帮助提高体温。

6. 其他管理

（1）心脏骤停伤员管理。

对于因爆炸伤或穿透伤导致无呼吸和脉搏的伤员，通常不推荐进行心肺复苏（CPR），因为在这种情况下心肺复苏通常不能成功。在考虑终止治疗前，可以先进行针刺减压，以排除张力性气胸的可能性，因为张力性气胸可能会影响呼吸和循环。

重要的是，施行任何治疗时，都不应以牺牲整个救援使命或拒绝为其他伤员提供可能的、挽救生命的干预为代价。这意味着在资源有限的情况下，救援人员必须做出快速决策，以最大限度地减少伤亡。

（2）心理支持。

为伤员提供心理安慰和支持，帮助他们应对可能的恐慌和焦虑。

（3）救援队与转运队沟通，准备撤离

确定伤员的集合地点（冷区）、撤离时间和伤员人数，以便协调转运资源。

从暖区撤离至冷区时，使用卷式（滑行式）担架（如Skedco）来移动伤员，确保伤员的安全和转运效率。

在冷区等待转运车辆或直升机进行伤员的撤离，以便快速将伤员送往医疗中心。

三、第三阶段：紧急医疗撤离

1. 医疗撤离类型

伤员撤离（Casevac）：在紧急情况下，可能会使用非医疗车辆进行伤员运输，通常由快速反应小组护送，重点在于迅速撤离伤员。

医疗撤离（Medevac）：使用配备医疗设备的专用医疗运输车辆进行伤员运输，并由专业医疗团队护送，提供必要的医疗护理。

2. 运输工具类型

地面车辆撤离（Ground Vehicle Evacuation）：使用地面救护车或其他车辆进行伤员运输。

飞机撤离（Aircraft Evacuation）：使用直升机或固定翼飞机进行伤员空中运输。

3. 空中医疗撤离考虑事项

（1）空中救援应考虑因素。

①涉及的距离、高度和地形。

②救援时间（白天或夜间）和载客量。

③评估潜在的安全威胁和医疗设备需求。

（2）直升机上落要点。

通过无线电与直升机通信，指引直升机到达指定坐标。选择合适的地点等待直升机降落，并确保该地点适合直升机作业。在直升机降落过程中，所有人员应避免站在直升机后方，以防止意外发生。

等待直升机完全停稳后再进行操作。与飞行员建立视觉联系，队长通过手势信号（竖起大拇指）表明准备就绪。在直升机的3点或9点位置进行上落操作，这些位置被认为是最安全的上落点。一旦伤员上机后，立即确保担架固定，并维持氧气及输液供应。同时，连接必要的医疗监测设备，如心电图（ECG）和血氧饱和度（SpO_2）。

（3）无合适降落点的伤员撤离。

如果现场没有合适的飞机降落点，可采用吊索升降方式撤离伤员。

在使用吊索前，必须再次检查索具的平衡和隐固情况。

（4）空中转运伤员常遇到的问题及处理。

气压改变：可能导致气体膨胀，起飞前避免使用充气设备。

晕眩：由于气压变化、重力增加、高速飞行或飞机燃料蒸气挥发引起。

高海拔反应：可能导致缺氧，应提供氧气。

低温：高海拔的寒冷温度和机舱风可能导致体温过低，应保温。

气道干燥：由于湿度下降引起。

噪音：可能影响沟通，应使用手势信号。

空间定向障碍：高速飞行可能导致飞行员空间迷向，甚至出现幻觉，从而影响飞行员判断，应由飞行员助手协助处理。

气流所致机身震荡：可能对脊髓损伤伤员造成影响。

疲劳：长时间飞行可能导致飞行员疲劳，应由飞行员助手协助处理。

4.二次评估（在转运中）（表11.2）

表11.2　二次评估（在转运中）情况表

生命体征监测	血压、脉搏、呼吸率、体温、血氧饱和度（SpO_2）
SAMPLE 病史采集	主要症状 过敏史 近期和长期药物使用情况 过往病史 最后一次进食，上次经期，最后一次接受破伤风注射的时间 此次事故发生的原因
全身检查	进行XABC检查＋D（格拉斯哥昏迷量表GCS）评分，并从头到脚进行全面的身体检查

5.在转运过程中跟医疗中心沟通

（1）无线电通信。

由于直升机运行时产生的噪音较大，这可能会干扰无线电通信的清晰度，因此在进行无线电通信时通常会使用一些简单的术语。

常用无线电通信国际术语包括：

Over：讲完，请回复。

Roger：收到信息。

Wilco：收到并将执行指令。

Say again：请再说一遍。

Out：通话结束。

（2）无线电音标字母。

在无线电通信中，常会使用国际音标字母来拼写难以发音的词汇或专有名词，以确保准确传达信息（图11.1）。下面的例子就是请求对一个名为Shatin的地区进行增援：

报告：我发现这个地区有很多伤员，请求增援。这个地区称为Sierra-Hotel-Alfa-Tango-India-November（= SHATIN）。

PHONETIC ALPHABET

A - ALFA	M - MIKE	Y - YANKEE
B - BRAVO	N - NOVEMBER	Z - ZULU
C - CHARLIE	O - OSCAR	1 - WUN
D - DELTA	P - PAPA	2 - TOO
E - ECHO	Q - QUEBEC	3 - TREE
F - FOXTROT	R - ROMEO	4 - FOW-ER
G - GOLF	S - SIERRA	5 - FIFE
H - HOTEL	T - TANGO	6 - SIX
I - INDIA	U - UNIFORM	7 - SEV-EN
J - JULIETT	V - VICTOR	8 - AIT
K - KILO	W - WHISKEY	9 - NIN-ER
L - LIMA	X - XRAY	0 - ZEE-RO

图11.1 无线电国际音标字母表

（3）MIVT报告（表11.3）。

表11.3　MIVT报告简表

内容	示例
M = 受伤机制（Mechanism of injury）	交通事故
I = 伤员受伤情况（Injury）	腹部内出血、股骨骨折、休克
V = 生命体征（Vital signs）	血压、脉搏、呼吸率、体温、血氧饱和度（SpO_2）
T = 曾给予的治疗（Treatment）	伤口包扎、骨折固定、补液、气管插管、呼吸机
T = 预计抵达时间（Time of arrival）	约30分钟后到达

（4）持续评估。

在医疗转运过程中，如果医疗中心距离较远，救援人员需对伤员进行持续的健康状况评估。这包括对伤员进行XABC（即气道、呼吸、循环和肢体）的检查，格拉斯哥昏迷量表（GCS）评分，以及从头到脚的全身检查。

对于情况稳定的伤员，应每15分钟评估一次；而对于情况不稳定的伤员，则需要每5分钟评估一次，以确保能够及时发现并应对伤员状况的任何变化。

四、小结

TEMS紧急医疗救援的核心目标在于以下三个关键点：在紧急情况下迅速救治伤员，防止伤员伤势恶化或进一步受伤，以及有效完成任务。

如果现在有一起紧急医疗事件，需要您协助并参与救援行动，请问您是否已经准备好了？

（陈永强）

第十二章　灾难康复医学早期介入
（Early Intervention in Disaster Rehabilitation Medicine）

第一节　物理治疗学早期介入
（Early Intervention in Physiotherapy）

一、物理治疗师的作用

依据世界物理治疗师协会（World Confederation for Physical Therapy，WCPT）的灾难救援指南和国内外相关文献研究，表12.1总结了康复医学救援过程中物理治疗师在各种灾难救援中发挥的重要作用。

表12.1　物理治疗师在各种灾难救援中发挥的作用

国家	灾难	早期救援的作用	文献来源
美国	卡特里娜飓风	伤员分类、伤口处理、转送伤员	Waldrop
美国	卡特里娜飓风	救治各种肌肉骨骼损伤的伤员和呼吸道问题的救援人员	Harrison
日本	东日本大地震	为临时安置所的无家可归者提供服务，特别关注易损人群（如残疾人、已有慢性健康问题的人和老年人）	Liu M, Kohzuki M
海地	地震	面临有限的康复服务资源，提供急性损伤管理和情绪支持	Nixon
中国	汶川地震	评估灾难的大致康复需求，为受伤人员和/或残疾人员提供康复和其他相关专业服务	李雨峰
尼泊尔	地震	协助筛选和转送伤员，以及提供急性损伤管理；帮助清理伤口；提供辅具；调动伤员情绪、制定练习方式以及安置伤员以防止手术后和长期卧床休息后的潜在二次并发症	尼泊尔物理治疗协会（NEPTA）

研究证明，只有接受过灾难医学救援专业训练的物理治疗师，才可能充分发挥他们的专业技能。这一结论与布兰切特（Blanchet）和塔塔林（Tataryn）在对海地地震救援进行评估时的建议不谋而合。他们指出："面对灾难，康复医学专业人员在参与救援工作前，应接受医疗应急的专业培训，或者具有灾难救援的经验，以便在紧急医疗救援中发挥重要作用。"

在灾难救援中，物理治疗师发挥着重要作用，具体体现在以下几个方面。

（1）评估灾难伤员的康复需求：物理治疗师通过评估伤员的身体状况和康复需求，确定他们所需的治疗方案和康复计划，以便有效地进行康复治疗。

（2）提供康复计划和其他专业服务：物理治疗师为伤员和残疾人员提供专业的康复计划和服务，帮助他们恢复功能、减轻疼痛、提高生活质量。

（3）提供紧急康复医疗：物理治疗师在当地医院、社区、非政府组织或紧急医疗队中开展矫形、神经、呼吸道和烧伤方面的康复服务，帮助伤员尽快康复。

（4）健康教育：物理治疗师向伤员、康复人员和其他卫生人员提供全面的健康教育，包括康复知识、预防措施等。

（5）伤员分类管理与后续跟进：物理治疗师负责对伤员进行分类、管理和转诊，确保他们得到适当的治疗和跟进，以便恢复功能和生活能力。

（6）社会心理支持：物理治疗师为伤员提供社会心理支持，帮助他们应对灾难后的心理压力和困难，并合理转诊需要心理咨询的患者。

（7）辅具指导：物理治疗师能评估、制定和提供安装辅具，并提供使用和维护辅具的培训。

（8）环境评估与适应：物理治疗师评估灾区的环境，包括营地和其他康复场所，以确保伤员和残疾人员能获得所需的康复资源和环境适应。

（9）风险人群的评估和护理：物理治疗师识别并评估高风险人群，如老年人或残疾人，为他们提供预防性康复或维持性康复治疗，减少并发症的发生。

（10）康复培训和支持：物理治疗师参与其他专业人士的应急救援培训，提供骨骼肌肉康复内容的支持。他们也培训更专业的创伤方面康复护理人员，如脊髓损伤或截肢康复护理人员。他们还培训社区康复服务人员和其他专业人士，以评估残疾人和其他康复需求者的专业护理。

在救灾过程中，物理治疗师的角色是从普通环境转移到特殊灾难环境，并在医疗卫生救援设施中承担辅助医务或其他辅助的工作。这些工作包括但不限于运送伤员、清理伤口和消毒手术设备等。在参与灾难医疗救援时，物理治疗师需要确保不影响自身在紧急救援中提供康复专业服务的主要作用，并能够承担和支持多学科医疗团队的工作。这既能保证灾难医疗救援的顺利进行，又能最大限度地发挥物理治疗师的专业优势。

二、物理治疗转诊途径

救援医疗队在伤员康复过程中扮演着关键角色，他们的转诊途径对于确保伤员获得必要和及时的康复服务至关重要。图12.1展示了伤员从分检到最终康复服务的转诊路径，包括不同的治疗选项和出院后的康复需求。

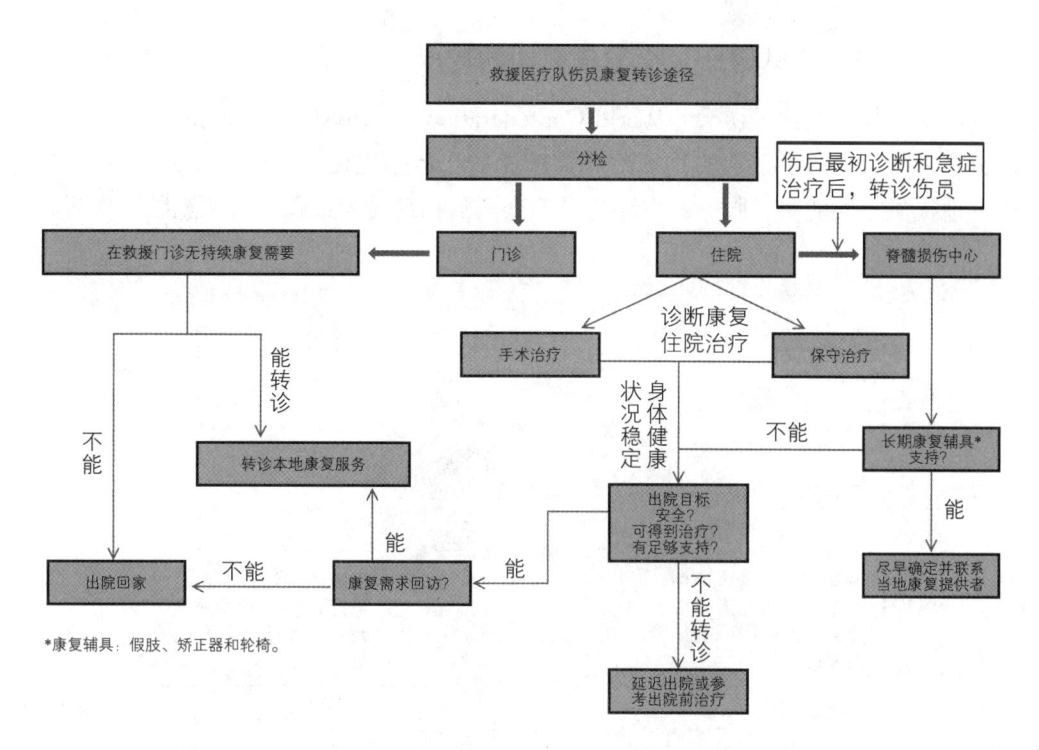

图12.1 救援医疗队伤员康复转诊途径

在严峻环境下，物理治疗师评估伤员的康复服务需求是在紧急情况下灾难发生后进行的。通常情况下，康复治疗是在医疗急救服务结束后开始的。根据世界卫生组织国际医疗队康复治疗的最新标准和要求，在紧急情况下，需要加强和利用社区康复来提供服务，以维持长期存在的康复服务，并减少伤员的残疾程度。这意味着康复服务不能仅仅停留在急救阶段，而是需要在灾后长期持续，以确保伤员得到充分的康复和恢复。社区康复的参与可以提供连续的康复服务和持久的支持，帮助伤员在康复过程中获得更好的结果。

在第二灾难康复医学中，早期介入非常重要。尽管不同灾难情况下对康复的需要会有所差异，康复仍然是一个必不可少的因素，特别是在创伤或长期疾病可能导致伤员终身残疾的情况下。康复医师和物理治疗师会根据国际和国内灾难医疗应急救援队的需求进行配备，并与临时医院和帐篷医院一起参与最初的伤员院外救援工作。一般情况下，伤员会被送往住院或在门诊后，根据专科医师的诊断，采取适当的医疗措施。

在伤员的主要生命体征（如脉搏、呼吸、体温、血压）稳定的前提下，伤员将被转诊并接受康复介入，进行功能受限评估，并制订康复治疗计划。根据制订的短期和中长期治疗计划，实施治疗并评估治疗效果是否达到阶段目标。在临时医院和帐篷医院中，多学科团队会协同介入，根据伤员的短期治疗效果和功能恢复情况，决定是否转诊到更高级别或更低级别的医院，或者回家。

最后，根据当地的康复服务条件，确定是否需要持续的社区康复治疗。这确保了伤员可以获得适时、个体化的康复治疗，以促进其功能恢复和生活质量的提高。

三、物理治疗早期介入中灾难救援的特点

依据世界物理治疗师协会（World Confederation for Physical Therapy，WCPT）的文献研究，图12.2展示了正常的物理治疗临床评估和治疗流程。然而，在灾难发生时，为了更好地提供方便的康复服务，需要在早期介入的物理治疗过程中的注意以下事项。

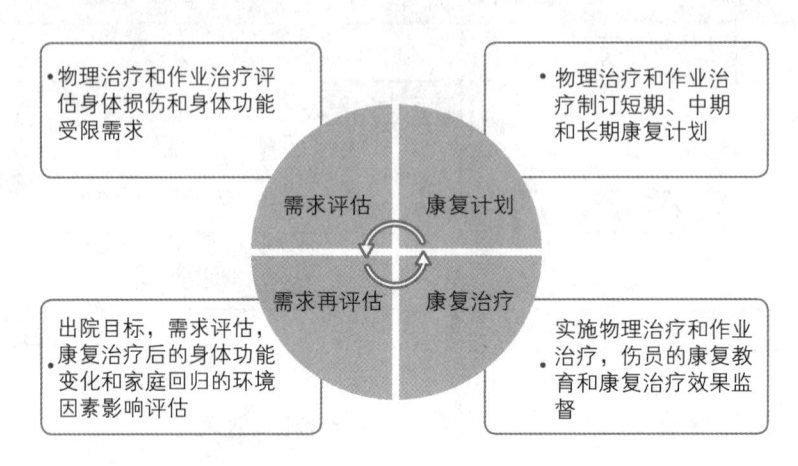

图12.2 物理治疗临床评估和治疗流程

1. 骨折

肢体骨折伤所占比例有可能超过所有重大损伤的一半，其中下肢更容易受影响，使得对轮椅及拐杖等辅具的需求增加。骨折需要尽可能谨慎地处理，并使用外部固定器固定。物理治疗师应该了解到不恰当的固定可能造成的潜在并发症，以及增加感染、骨折不愈合或愈合不良以及萎缩等风险。如果可能的话，在可以实施手术的地方与外科手术的医生合作决定下肢承重和行走功能状态。这有助于确保伤员的固定和康复计划综合评估，以实现最佳的康复结果。

2. 截肢

如有可能，同截肢伤员共事过的康复专业人员应该尽早参与其中，最好是在截肢之前加入。截肢以及截肢程度的决定可能受到当事国家和当地假肢供应的影响。截肢端常常推迟闭合以避免感染。为了减少手术时间，诸如肌整形术等一些技术只能安排在空闲手术室进行。康复通常伴随着多发伤，诺尔顿（Knowlton）等提供了该方面的有效指南。为了保证假肢康复需求的稳定性，最好是在当地由当地的假肢供应商满足。推荐早期社会心理支持，包括同伴支持。

3. 脊髓损伤

脊髓损伤伤员早期分类是基于当地康复人员的专业知识，因此需要迅速与康复人员沟通脊髓损伤康复中心的相关信息。将脊髓损伤伤员的快速诊断、专业转诊以及后续跟进作为重点。灾难发生之后，对脊髓损伤更需要谨慎管理。即便如此，手术管理也可能由于需求过高而被推迟。精细的医疗管理也面临相应的挑战，需要长达3个月的卧床固定及有效地预防二次脊髓损伤。严重脊髓损伤伤员在中低收入国家存活率较低。不良的院

前和院中康复可能造成脊髓完全损伤，并增加并发症如压疮和尿路感染的风险。拉索尔（Rathore）等在2005年巴基斯坦地震之后并未发现完全四肢截瘫伤员，但在海地医疗救援研究中，18名脊髓损伤伤员中就有一例四肢截瘫。腰椎损伤是最为常见的，其次是胸椎损伤。有时也会出现较高比例的完全损伤，可能与院前康复的困难有关。但也并非完全如此，在汶川地震之后抽取的26名伤员中，仅有6名为脊椎损伤分析量表（ASIA）A级别的完全性损伤。偶尔脊柱骨折可能会被忽略掉。有越来越多的研究表明，在灾后应该对脊髓损伤伤员进行分组并进行专业康复治疗。

4. 脑损伤

脑损伤的发病率差异较大，灾后脑损伤伤员的长期研究数据相对较少。除非在第三方转诊中心工作，否则我们很少看到灾后脑损伤伤员。大多数情况下，我们看到的是轻度到中度脑损伤伤员，需要进行早期康复医学介入。巴蒂（Bhatti）描述过巴基斯坦地震之后在一家配有呼吸机的军事创伤转诊中心工作的经历。尽管疏散推迟，约有10%的头颅损伤伤员同时伴有严重的脑损伤，但由于设备和专业的神经外科医生有限，受伤严重的伤员存活率较低。轻度到中度脑损伤的伤员通常不会长时间留在医院，因此在出院之前，对伤员及其家属进行整体教育和建议非常重要。与严重创伤伤员相比，我们可能容易忽视对轻度到中度脑损伤伤员的关注。因此，物理治疗师应该对有头部损伤史的伤员的急性恶化风险或微小的认知或行为变化保持高度警惕。物理治疗师应意识到，干扰慢性疾病常规健康管理的后续后果可能是中风。

5. 挤压伤

严重并发症包括横纹肌溶解筋膜综合征。物理治疗师应该尤其意识到在灾难发生几周后可能被忽略的骨折（比如骨盆或脊柱骨折），外围神经或其他损伤的可能性。

6. 烧伤和软组织损伤

烧伤与开放型软组织伤感染的风险非常高，尤其是在中低收入国家不断增加的糖尿病伤员中，情况更加严重。烧伤可以是灾难造成的，也可以是生活在临时安置房中依赖明火烹饪所致。为了减少感染的风险并且尽可能地保存软组织，对严重软组织伤进行延时性闭合和周期性清创是必要的。对于更复杂的损伤，可能需要进行移植或者皮瓣覆盖以实现组织的修复和覆盖，因此应尽早转诊到专业医疗人员处进行治疗。对于严重烧伤的伤员来说，长期的后续跟进以及社会心理支持至关重要。

7. 外围神经损伤

在重大创伤康复中，神经损伤往往是被忽视的一个方面，常常在初期的救援环节中被忽略掉。在最初的两周内，有必要确认是否可以在当地进行神经修复，否则可能需要在后期进行神经移植手术。同时，需要采取适当的护理措施，以避免出现挛缩、烧伤等次级并发症。特别是在地震之后，由于长时间被困于石堆下或持久地保持某种姿势，很容易导致压缩性神经损伤。

8. 疼痛管理（急性与慢性）

在灾难应对的情境中，神经损伤往往被忽视。尤其需要特别注意对截肢、脊髓损伤或神经损伤的伤员进行疼痛管理。慢性疼痛是受灾伤员中最常见的问题。在处理神经损伤的疼痛时，采用多学科合作的方式非常重要，同时要符合当地文化。还需要考虑到物理与社会心理因素之间复杂的相互影响，如悲伤、恐惧与压抑等。

在人道主义环境中，有关呼吸道方面物理治疗的信息非常有限。胸部创伤可能是造成死亡的主要原因，幸存者的发病率和严重程度因人而异。在地震等情况下，肋骨骨折相对较常见，伤员可能还会遇受肺炎或血气胸的困扰。在艰难的环境下，由于缺乏呼吸机和重症监护的病床，可能会出现一些严重呼吸道并发症伤员。然而，即使在资源有限的环境中，提供重要的预防性护理并具备康复护理的能力，对于改善严重创伤伤员的预后和处理他们的紧急需求至关重要。

四、物理治疗的管理和研究

在人道主义环境下工作时，我们不能忽视国家和国际标准，也不能忽视专门为物理治疗救援活动制定的标准，包括世界物理治疗师协会指南。这些现成统一的标准可以确保临床实践对公众来说是安全有效的。在工作中，我们应特别注意以下几个方面。

1. 文件编制

在治疗中，伤员可能会接触到多个专业人士或医疗团队，他们可能缺乏对最新医学护理的深入了解。因此，有效的文件编制非常重要。缺乏系统记录的习惯不利于协调救援。在灾难中，治疗记录的编制经常被忽视，这可能导致重复或错误治疗。物理治疗师应坚持使用由世界物理治疗师协会制定的指导纲要，并记录所有干预措施。治疗记录应清晰可辨，避免使用缩写词和缩略语。

2. 记录管理

在灾难中，记录管理面临着很大的挑战。由于伤员具有高流动性，让伤员随身携带他们的记录是一个合适的解决方案。同时，维护一个伤员康复中心的数据也非常重要，应该在机构间进行协调或至少保持一致。这样的数据库应该包括伤员的基本信息和联系方式、病情诊断、功能状态以及康复或设备需求，这样可以确保资源的后续跟进和管理。考虑到伤员的后续跟进容易中断，所以记录他们或家庭成员的移动电话（在同意的前提下）能够提供持续服务。任何数据都应该安全地保存并保密。

3. 数据和研究

因为缺乏公认的评估方式和最佳实践，灾后伤残和中长期功能康复研究成为一个普遍存在的问题。针对年龄、性别和残疾进行分类对于监管公平和获取服务非常重要。无论情况如何，数据收集、存储、分析和报道的伦理原则仍然适用。个人和机构在收集或使用用于研究目的的相关数据时需要获得伦理批准或同意。灾难的数据研究工作，应该在平时就开展起来，而不是在灾难发生后再开展。建立灾难敏感的数据和测量康复效果的标准是必要的。在研究灾难康复医学早期介入中，没有单一的评估的方法是完美的，但至今的研究中使用了以下量表：

（1）世界卫生组织残疾评定（WHO Disability Assessment Schedule，WHODAS）。

（2）巴氏量表（Barthel Index，BI）。

（3）功能独立性评定（Functional Independence Measure，FIM）。

（4）欧洲生活质量指数（European Quality of Life Index，EQLI）。

（5）简易格式（Short Form，SF）。

这些评估量表可以帮助研究人员了解灾后伤残个体的功能能力、独立程度和生活质量等方面的情况。它们提供了客观的数据和指标，有助于制订个性化的康复方案和改进灾后康复服务。

4. 与伤员签署知情同意书，遵守保密原则

在与伤员进行紧急医疗或康复处理时，遵守知情同意书和保密原则非常重要。知情同意书是一种文件，用于确保伤员（或其法定代表人）了解并同意接受特定治疗或康复措施。有关知情同意书更多的信息请参考世界物理治疗师协会的政策。

5. 转诊

物理治疗师在准确诊断伤员的康复需求方面起到关键作用。他们应该全面评估伤员的病情，了解其功能能力和康复潜力，并根据评估结果制订个性化的康复方案。

为了确保伤员获得全面的康复服务，物理治疗师还应建立转诊机制，并与其他医疗机构以及社区康复服务（Community Based Rehabilitation, CBR）进行合作。协调紧急救援服务和合适的医院社区康复服务同样重要，以确保伤员能够顺利转诊并获得适当的康复服务。此外，及时的后续跟进对于伤员达到良好疗效至关重要。

为了避免重复治疗，在符合世界卫生组织紧急医疗队最低康复标准的要求下，物理治疗师可能需要向信息中心协调机构报告特定损伤，如脊髓损伤和截肢。这样可以实现信息共享和协调，确保伤员获得适当的康复服务并避免重复工作。

6. 严峻的紧急环境中急症康复的出院计划

在灾难环境下，协调后续康复护理确实是一个巨大的挑战，特别是对于来自偏远地区或家园被毁坏的伤员。在紧急情况下，医院可能超负荷运作，需要尽早将伤员从急症护理转移出来。以下是需要考虑的几个因素。

（1）了解伤员出院后去向。

在考虑伤员出院后将被转介到何处时，可以考虑以下几个选择：家、帐篷或与人合住的房子。如果可能的话，在确保安全的情况下，可以让伤员有机会到社区了解出院环境。为了确保伤员的安全并最大化提升他们的独立能力和功能，有几个问题需要解决。首先，与伤员一起建立功能康复治疗计划，根据他们的康复需求提供合适的设备和支持。这将有助于伤员在出院前获得必要的康复和训练，以便适应家庭环境或其他居住环境。其次，需要提前解决早期出院时可能遇到的障碍。例如，提供合适的床垫或床铺以避免伤员睡在硬质地板上，解决缺乏护工或无法获得社区护理资源的问题。此外，建议将社区活动的主要障碍设施报告给相关人员，以便他们在临时社区层面上协调解决问题，并推进无障碍设施的建设和改善。这样可以确保社区活动对所有居民的可访问性，并为伤员提供更好的环境支持。通过以上措施，可以帮助伤员顺利出院，并在安全的环境中进行康复。

（2）早期出院与长期住院伤员。

在床位需求紧张的情况下，有些伤员可能不得不尽早出院，例如截肢伤员可能在截肢手术后的三四天就会安排出院。在这种情况下，物理治疗师需要了解每个人的出院计划并进行相应的安排，特别是针对假肢伤员，需要明确后续的康复治疗方案。在医院，参与查房会确保多学科团队（MDT）了解预期的出院情况。即使是长期住院的伤员或者需要持续伤口管理和/或多发性损伤的伤员，也应提前制订出院计划。在紧急情况发生之初，协调的出院计划可能尚未完全到位，因此非常重要的是清晰地记录所有需要后续跟进的伤员信息，包括他们的联系方式。同时，需要留意可能被安排出院的伤员，因为他们除了面对损伤本身，还必须应对一个充满挑战且不稳定的环境。在这种情况下，社会心理支持、明确清晰的出院计划和交流变得非常关键。在灾难发生之前建立的出院和康复转诊标准应该帮助规划并确保伤员能够安全顺利地出院。

五、家庭和社区支持

在灾难情况下，医疗系统的破坏和资源的匮乏可能导致伤员失去照顾人、家人、家园和生计，这使得他们情况更加困难。了解当地的文化和社区的角色也非常关键，因为不同的文化观念和社区价值可能会影响到伤员的态度、需求和社会支持。在某些文化中，伤员可能会依赖看护者提供照顾，并可能对自己的情况持消极态度。这可能不利于他们的长期康复和社会融入。然而，在其他文化中，照顾伤员被认为是整个社区的责任，这可能提供更多的支持和帮助。在紧急情况下，我们的角色不是去挑战文化常态，而是去意识到这种文化差异，并且提供合适且能被理解的伤员教育。这包括向伤员和家人传达适当的信息，帮助他们了解他们的疾病或伤情、治疗方案和康复过程的重要性。同时，与社区合作，提供支持和教育，以帮助伤员重新融入社会。

1. 给家庭成员普及知识

给家庭成员和看护者普及康复护理的知识很非常重要。这样可以帮助他们更好地照顾伤员，并尽可能提高他们的功能独立性。需要明确的是，伤员出院时的状况可能并非最佳状态，而且后续的康复过程可能会面临一些困难。

2. 适应

由于设备有限，物理治疗师必须充分发挥智慧和创造力，为伤员考虑有益的活动，以最大限度地提升其功能。例如，当轮椅无法提供关节扩展器时，对于腿部截肢者，治疗师可以考虑提供假肢板，以供他们在轮椅上使用。通常情况下，后勤人员会与紧急医疗队一起部署，当地的技工可以制造、改良设备，并采购当地可提供的替代品。这样可以确保伤员了解设备的用途、如何进行维护，以及何时及如何重新评估设备的使用。

3. 设备

随着灾难来临，对移动器材的需求也随之增加，包括轮椅、助行架和拐杖。这些需求来自新受伤的人以及本身有需求的人，他们可能因为灾难失去了原有的器材，或者因为灾难而面临更多困难。提供适当的设备也非常重要，包括假肢和矫形器材等。这些设备应该根据个人和环境的需求来选择，并且应该能够在农村地区进行维护或替换。

六、灾难康复指南

世界物理治疗师协会（WCPT）指南中规定了人道主义救援的最低标准，具体规定如下：

（1）未立即实施康复治疗可能导致手术后伤员功能恢复失败。

（2）早期康复能够极大地提高受伤幸存者的生存率和生活质量。

（3）需要辅助器具（如假肢和移动器材）的伤员也需要接受物理治疗服务。

（4）受伤后和手术后的康复必须由持有相应专业资格的物理治疗师所属的机构来实施。

（5）通过整合社区康复，可以优化受伤幸存者的术后康复预后效果。

第二节 作业治疗早期介入
（Early Intervention in Occupational Therapy）

依据世界作业治疗师协会（World Federation for Occupational Therapy，WFOT）的灾难救援指南和国内外相关文献研究，在详尽的灾难管理计划下，作业治疗师（Occupational Therapist，OT）可系统地应对灾难对主要利益相关者和组织的影响。这个阶段的主要目的是提供基本生活需求（如临时住房、食物和紧急救援）并预防紧急情况下可能出现的额外损害。基于这些目标，作业治疗师在医学救援中的角色可分为三个主要领域：临床实践、社区可用资源的评估、急救教育。

首先，作业治疗师利用其临床技能，为有需求的幸存者、他们的家属和急救人员提供作业治疗干预。

一、重塑伤员的日常生活

作业治疗师能够提出一系列的临床治疗实践方法，以协助幸存者及其关联人员。对于截肢和脑卒中幸存者，作业治疗师可以制作支具，控制水肿，管理伤口和瘢痕。肌力训练和肢体、关节的手法活动可以增强幸存者的力量和运动范围。代偿性技术、节能方法以及辅助设备的使用能够帮助预防在家和庇护所中的第二次伤害。

二、管理伤员的心理障碍

作业治疗师可以采用咨询、危机干预、认知应激缓解训练和心理教育支持等方式，以个人和团体支持的形式来减轻伤员的焦虑和压力。危急事件应激解除训练（Critical Incident Stress Debriefings，CISD）是一种用于危机干预的小组活动方法，分为正式援助和非正式援助两种类型。非正式援助是由受过CISD模式训练的专业人员在现场进行的急性应激干预，通常需要1小时。正式援助分为七个阶段进行，通常在伤害事件24小时内进行，一般需2至3小时。

三、实施危机事件应激管理（Critical Incident Stress Management，CISM）

危急事件应激解除训练（CISD）的方法也包括对创伤性事件的结构化讨论，该讨论旨在帮助人们应对他们所承受的压力，从而减轻创伤事件所带来的有害影响。CISM需对开展CISD活动的人员进行专业的培训。美国军方已经使用CISD模式在多年间对众多团体进行训练，而作业治疗师是其中受过严格训练的专业团体之一。正式援助通常分为七个阶段进行，具体步骤如下。

（1）介绍阶段。建立援助的信任氛围至关重要。在介绍阶段，介绍小组成员和CISD的过程与方法，并激发当事人讨论敏感问题。

（2）发现事实阶段。要求所有参与成员描述他们在事件中的角色和任务，并从他们个人的观察角度出发，提供一些具体事实。

（3）想法阶段。在想法阶段，CISD小组指导者询问当事人关于事件发生时最初和最痛苦的想法。将事实转向思想，开始将事件个人化，并让情绪得到表达。

（4）反应阶段。反应阶段是当事人情绪最强烈的阶段，干预者根据现有信息，挖掘出他们最痛苦的经历的一部分，并鼓励他们承认并表达出自己的情感。

（5）症状阶段。症状阶段要求小组成员谈论他们在事件中的情感、行为、认知和身体经历，从而对事件有更深刻的认识。

（6）指导阶段。在指导阶段中，强调当事人的反应非常符合严重压力下的症状，并提供如何促进整体健康的相关知识。

（7）再进入阶段。结束报告并总结修改计划。CISD模式对减轻各类事故引起的心灵创伤，维持内部环境稳定，促进个体身心康复等方面具有重要意义。此外，电话和家访是提供心理健康支持和服务的另一种方法。

四、关注弱势群体在其临时住所和庇护所的日常生活活动（Activities of Daily Living，ADL）

在关注弱势群体在临时住所和庇护所的日常生活活动方面，作业治疗师扮演着重要的角色。他们可以帮助残疾人充分利用辅助设备参与工具性的日常生活活动（如出入住所）和生产性活动（如兼职工作）。对于儿童及其家庭来说，提供有意义的活动（如游戏和休闲活动），可以帮助他们摆脱与灾难有关的思绪。作业治疗师还可以评估和消除在临时住房中参与活动的环境障碍，帮助幸存者成功参与有意义的活动。此外，除了弱势群体，也有必要观察急救人员和志愿者的心理状况，并为他们提供相关的作业治疗干预（例如提供短暂休息的活动）。

另一个作业治疗师的功能是评估残疾人的康复需求，并确定社区中的支持资源和潜在障碍，帮助幸存者克服灾难情况。作业治疗师可以判定人们对资源的需求情况（如辅助装置和药物），并确定卫生专业人员为幸存者提供相关服务的地点。例如，在日本，为了满足幸存者及其家人的需要，日本作业治疗师协会（Japanese Association of

Occupational Therapists，JAOT）与受影响地区的其他协会（如日本物理治疗师协会和日本语音听力治疗师协会）进行了交流，探讨如何在各个协会之间提供人力资源、资金和配合。

作业治疗师的第三个作用是教育和培训急救人员，包括照看人员、志愿者、作业治疗师的学生和健康相关专业人员。他们提供关于特定伤害（例如压疮的移动需求）的急救治疗的教育，以及患有心理障碍（如自杀和抑郁症）的人的应对技巧。哈比普（Habib）等人研究指出，急救人员有必要接受基于不同类型的残疾和转移技巧的教育。例如，日本作业治疗师协会定期举办课程，提供有关失用性综合征的监测、躯体健康测量的宝贵信息，并提供锻炼指导。

第三节 应急救援中的辅具使用和实用康复技术
（The Use of Assistive Devices and Practical Rehabilitation Techniques of Rehabilitation Medicine in Emergency Rescue）

一、转移（Transfer）

这是一个很有用的技术，可以帮助物理治疗师快速安全地将伤员从轮椅转移到床上。通过正确的操作步骤，物理治疗师可以帮助伤员完成从准备姿势到最终坐下的整个过程。这个技术适用于在灾难中丧失转移能力的伤员，能够快速而安全地转移他们。

使用指导如图12.3所示。

（1）准备姿势（图12.3A）：确保伤员坐在轮椅上，准备好进行转移。

（2）协助用力（图12.3B）：物理治疗师需要提供适当的支持和协助，以确保伤员能够顺利站起。

（3）辅助站起（图12.3C）：物理治疗师通过适当的技巧和力量帮助伤员站起来。

（4）完成站立（图12.3D）：确保伤员能够保持稳定的站立姿势。

（5）转体90°（图12.3E）：物理治疗师需要帮助伤员进行身体转体，使其便于坐到床上。

（6）协助坐下（图12.3F）：物理治疗师需要提供支持和协助，使伤员能够安全地坐到床上。

这些步骤可以帮助物理治疗师安全地转移伤员，确保他们能够从轮椅上安全地到达病床上。

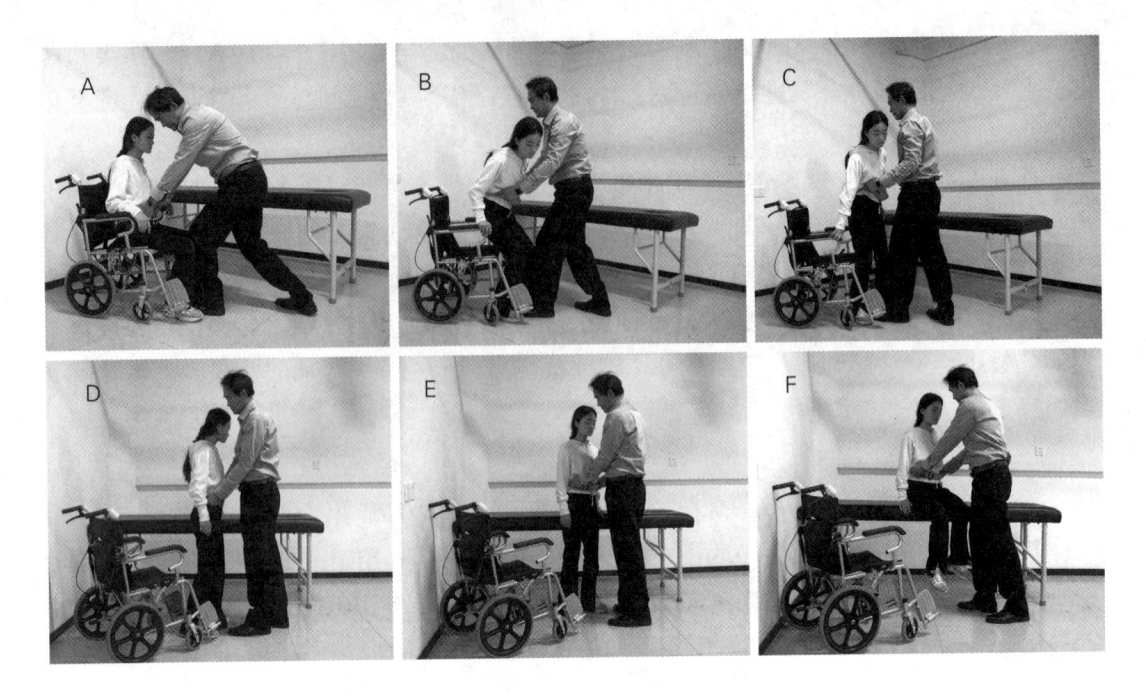

图12.3 物理治疗师辅助下的伤员转移步骤

二、平行杠（Ambulation）

平行杠（图12.4）是一种用于训练下肢行走能力的行走辅助训练设备。在康复训练初期，伤员可以依靠平行杠在上肢力量的协助下完成下肢行走的康复训练。

适应使用人员包括下肢肌力薄弱、行走不稳的伤员，骨科手术后需要进行康复训练的伤员，神经系统疾病导致行走障碍的伤员以及老年人。

使用前，应检查平行杠是否牢固稳定。使用时，应穿舒适的鞋子，避免滑倒。训练过程中，应有物理治疗师或家属陪同，以防意外发生。训练量应根据自身情况逐渐增加，避免过度劳累。

具体使用步骤如下。

（1）调整高度：站立于平行杠中间，双肘自然下垂，手指轻触扶手。根据肘关节弯曲20°~30°的要求调整扶手高度。

（2）使用姿势：双手握住扶手，保持身体直立，目视前方。双脚与肩同宽，脚尖向前。患肢先迈出，健肢随后跟上，交替行走。行走过程中，保持身体平衡，避免摔倒。

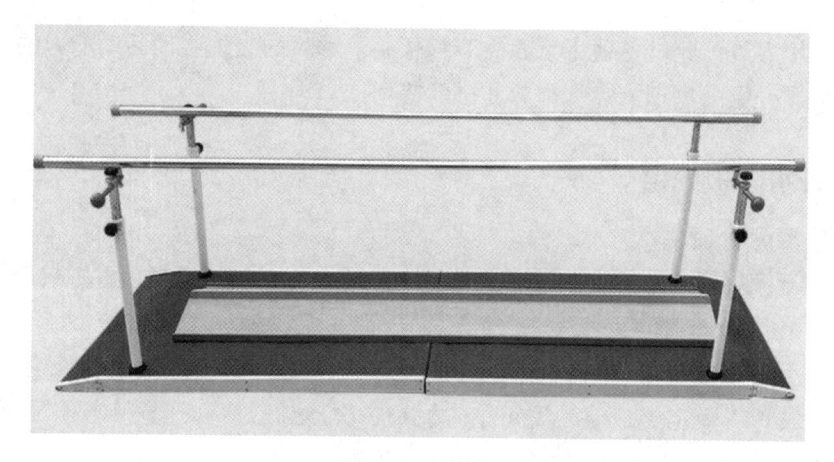

图12.4　平行杠

三、持续被动训练器（Continuous Passive Motion，CPM）

持续被动训练器（CPM）是一种用于髋关节和膝关节手术后康复治疗的下肢关节被动运动辅助训练器（图12.5）。在伤员髋关节和膝关节手术后的康复治疗中，CPM机是一种常用的辅助训练器，可以帮助伤员进行被动练习，逐步恢复关节活动范围。

使用方法如下：根据伤员的具体情况，设定CPM机的最大活动角度。初始时，一般将CPM机初始的最大的活动角度设定为40°，此时髋关节活动范围为25°~45°。随后，每日增加5°~10°，伤员每日可训练3至4小时。在术后大约1周时，CPM机的最大活动角度可达90°，髋关节活动范围为25°~50°。最终，伤员可逐步停用CPM机，转而以主动活动为主。

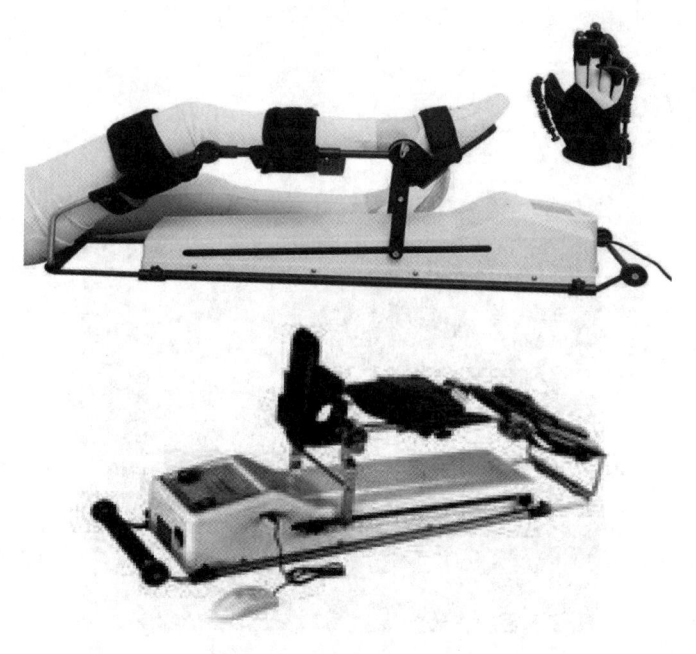

图12.5　持续被动训练器

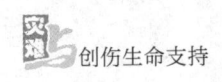

适应使用人员：此设备适用于髋关节和膝关节术后的丧失主动活动能力的伤员。
使用指导：应由物理治疗师指导和协助使用。

四、骨折夹板固定

1. 前手臂骨折固定

上肢前手臂夹板固定是防止二次损伤的有效方法，同时能显著减轻疼痛（图12.6）。

2. 下肢骨折固定

使用下肢骨折固定夹板后，需每小时检查一次动脉脉搏和感觉。若伤员出现紧张、刺痛或麻木，需解开所有包扎材料，重新以宽松方式包扎夹板（图12.7）。

图12.6 上肢前手臂夹板固定

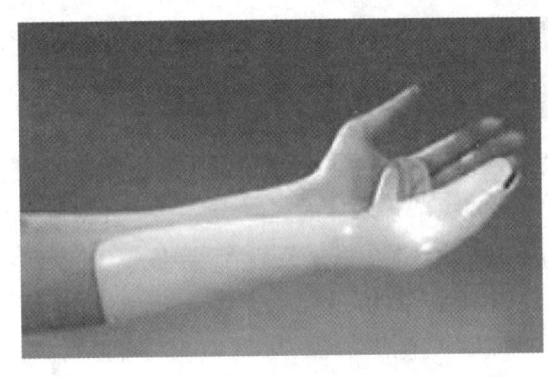

图12.7 下肢骨折夹板固定

适应使用人员：适用于在灾难中遭受四肢骨折的伤员。
使用指导：必须在物理治疗师的指导和训练下使用。

五、残肢包扎

材料：卷型脱脂棉纱布。
规格：宽×长［（5~8cm）×（80~100cm）］（图12.8）。

图12.8 卷型脱脂棉纱布

1. 大腿残肢包扎方法

图12.9A：起始姿势，绷带从对侧腰部开始。

图12.9B：绷带绕腰一周，从臀部过渡到残肢侧面。

图12.9C：以螺旋形向前拉伸残肢，确保残肢完全伸展。

图12.9D：绷带达到残肢远端的内侧。

图12.9E：从下向上螺旋形缠绕，远端包扎最紧，向上逐渐减轻压力。

图12.9F：螺旋上升至对侧腹股沟（箭头指示方向），再回至臀部，最后回到起始的腰部位置。

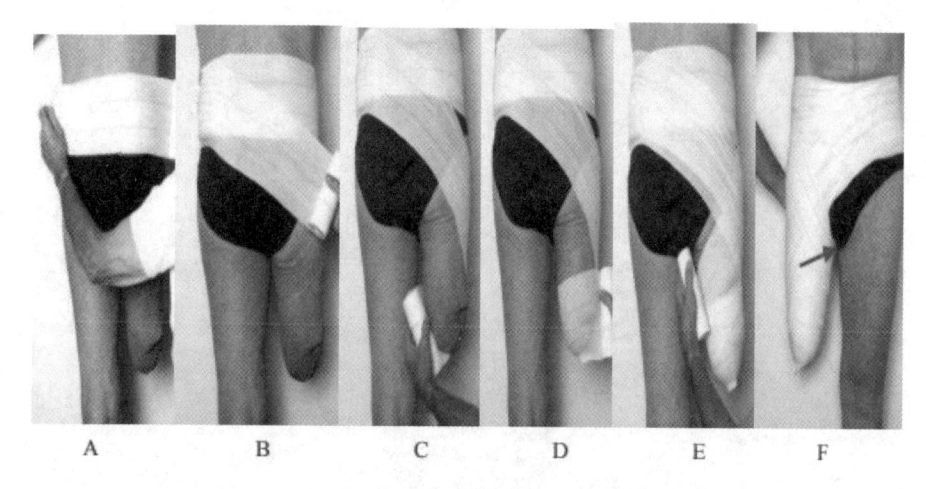

图12.9　大腿残肢包扎方法

2. 小腿残肢包扎方法

图12.10A：起始姿势，绷带从残肢同侧膝盖上方开始，在大腿上部缠绕一周。

图12.10B：绷带从大腿后部过渡到残肢下方，螺旋形向下拉向残肢远端。

图12.10C：保持膝关节完全伸展，绷带到达残端的内侧。

图12.10D：在残肢远端开始缠绕，然后螺旋向上，远端包扎最紧，逐渐向上减轻压力。

图12.10E：缠绕过膝关节，最后终止于膝关节上方。

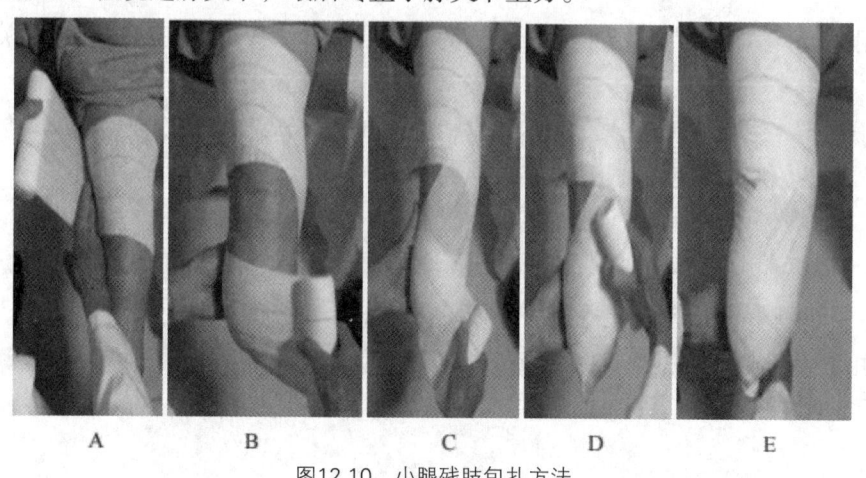

图12.10　小腿残肢包扎方法

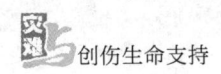

适应使用人员：适用于灾难中遭受下肢伤害并被迫接受截肢手术的伤员。

使用指导：需在物理治疗师的指导和训练下使用，并需要其协助。

六、拐杖

功能：拐杖设计用于辅助单侧或双侧下肢支撑体重，通常具有可调性，以便根据伤员的身高和体重选择合适的大小型号和类型（图12.11）。

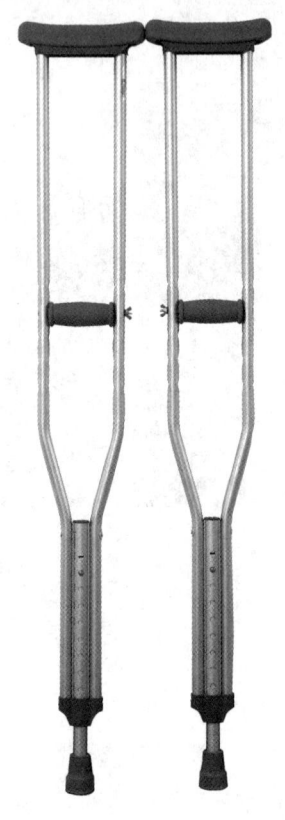

图12.11　拐杖

适用人员：适用于下肢承重困难的伤员，包括摔伤、骨折以及髋、膝、踝关节损伤的伤员。

使用指导：拐杖的腋拐长度需由物理治疗师调节，确保伤员肘关节能够弯曲20°~30°，并提供正确使用的指导。

七、助行器

功能：助行器设计有前支持部分带或不带轮子，一般可折叠，高度可调整。这些设备通常由铝材制成，重量轻（2~3kg），适用于室内外环境，非常适合因下肢和背部受伤导致行走困难的伤员（图12.12）。

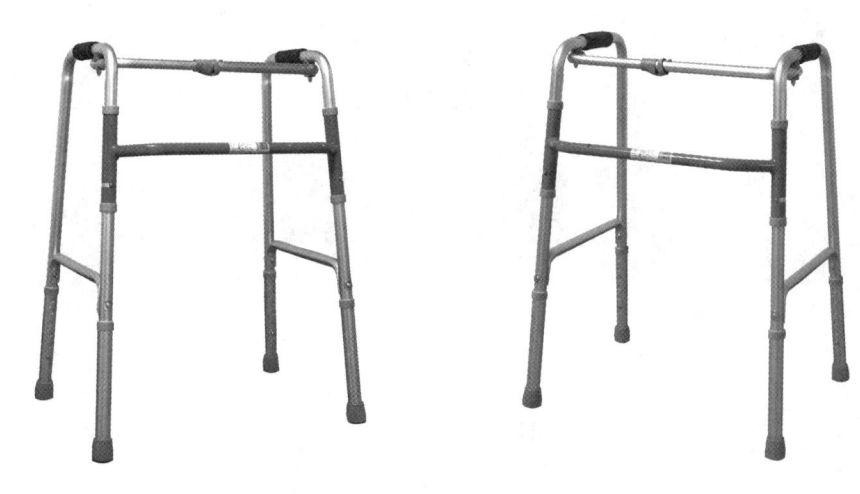

图12.12　助行器

适应使用人员：适用于下肢承重困难和体力衰弱的伤员，包括下肢偏瘫、截瘫、摔伤、骨折以及髋、膝、踝关节损伤的伤员。

使用指导：物理治疗师将调节助行器的高度，以使伤员肘关节弯曲20°~30°，并提供正确使用的训练。

八、轮椅

功能：为失去行走能力的伤员提供一种安全移动的方式（图12.13）。

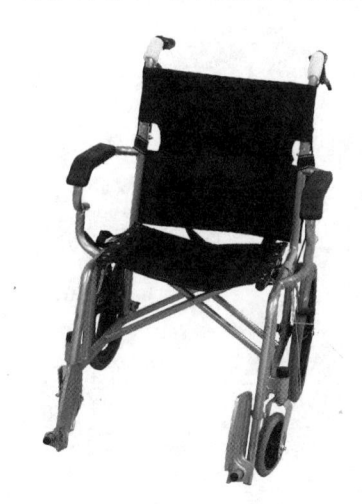

图12.13　轮椅

适应使用人员：适用于双下肢移动受限的伤员，包括下肢残疾、偏瘫、截瘫、摔伤、骨折以及髋、膝、踝关节损伤等下肢损伤的伤员。

使用指导：物理治疗师将对伤员的身体功能进行评估，以确保轮椅的大小和型号与伤员匹配，并提供关于如何正确使用轮椅的讲解和训练。

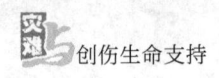

九、足下垂矫形器

功能：该矫形器采用L形设计，能够支持踝关节稳定，以预防足下垂（图12.14）。

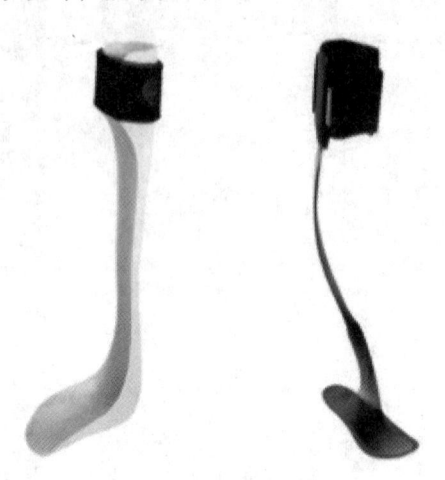

图12.14　足下垂矫形器

适应使用人员：适用于因灾难导致小腿胫前神经受伤，无法完成足背曲的伤员，帮助避免足下垂。

使用指导：使用前需经过物理治疗师的指导，以确保正确使用。

第十三章 标记和信号系统的识别
(Identification of Marking and Signaling Systems)

在灾难现场的搜索救援行动中，救援队伍采用喷漆、建筑蜡笔、贴纸或防水卡片等工具，将特定的标记或信号绘制在该救援区域较明显且结构稳定、不易坍塌的位置，如大楼的稳固外墙或坚固的巨石上。这些标记应清晰可见，与背景颜色形成鲜明对比。救援队可以利用此类标记和信号系统，向其他各类队伍和现场工作人员展示及共享重要信息。此标记和信号系统作为协调机制，有助于加强各队伍之间的协同作业，从而尽量减少重复工作。为了使标记和信号系统在灾难救援中发挥最佳效果，实现系统的统一化非常重要。为了确保此系统的有效性，所有参与灾难救援的队伍，包括搜索救援队、应急医疗队和志愿者队伍，都应采用相同的标记和信号系统。

当前，多个国家和区域各自拥有不同的标记和信号系统。联合国国际搜索与救援咨询团（International Search And Rescue Advisory Group，INSARAG）在《国际搜索与救援咨询团指南2020》（"INSARAG GUIDELINES 2020"）中，为搜索救援工作建立了一个统一的标记和信号系统。该系统具有简单易用、易于理解、资源高效利用、节省时间、高效信息传达和持续应用等特性，包括三个主要的标记要素：分类标记、受困者标记和快速清理标记。对于应急医疗队来说，掌握搜索救援后的伤员数量和搜索救援区域的风险，不仅仅有助于识别和避免危险，还能避免重复搜查，从而更有效地分配有限的医疗资源，确保其合理使用。本章将详细介绍应急医疗人员在INSARAG搜索救援工作中需要掌握的标记和信号系统。

第一节 标记系统（Marking System）

一、警戒标记（Cordon Markings）

在工作场地及其他危险区域，应设置警戒标记，以限制人员进入并提供警告。这些警戒标记分为工作场地标记和危险区域标记。

为了协调不同类别的多支救援队伍，当地指挥协调部门（如政府或现场指挥部）需将救援行动地点划分为"工作场地"。这些"工作场地"的规模不一，可能是单独的建筑，也可能是住宅小区这样的建筑群，甚至是整个街区。具体的划分将根据当地指挥协调部门的救援需求来确定。工作场地需要划分外围区域，并设置工作区域标记，通常使用警戒带展示（参见图13.1）。

图13.1　工作场地标记

此外，在整个灾害范围内，也应明确标出危险区域的警戒标记，以标示危险场所的具体区域（详见图13.2）。

图13.2　危险区域标记

二、工作场地分类标记（Worksite Triage Marking）

在工作场地中，搜救队会设置工作场地分类标记，以传达此工作场地救援的关键信息，应急医疗队需要理解这些标记的含义，以便更有效地进行现场救援。

1.工作场地分类标记的内容

这些分类标记通常由搜救队员在工作场地外部入口附近的稳固建筑物或巨石上绘制，旨在阐述救援场地的状况，其颜色需与底色形成鲜明对比。具体来说，工作场地分类标记应包括以下五个方面的信息。

（1）场地分区编码。

在大型灾难后，由于地貌改变、重要建筑和街道损毁，或外地救援队对当地地名不熟悉等因素，当地政府或现场指挥部需将救援区域划分成多个区块，并为每个区块指定特定编号。如果当地指挥协调部门已设定编码（如1、2、3或者红、黄、绿等），则可直接采用这些现有编码。如无现成编码，救援队应与相关部门协作，将救援区域进行划分和编码。INSARAG的标准编码采用简单的英文大写字母和数字组合，例如A-1区、A-2

区。在更大的工作场地，可能需要进一步细分，此时使用小写英文字母，如A-1a区。在编码过程中需要注意：一是避免使用字母O和I，以免与数字0和1混淆；二是确保编码的唯一性，避免重复。

应急医疗救援人员只需在任务分配时了解自己的工作区域编码及其具体范围。

（2）可能的危险。

在救援的评估和执行过程中，若发现在工作场地内潜在的风险事件，如氯气泄漏，这些风险也需要在工作场地分类标记中写明。

（3）救援队代码和救援日期。

工作场地分类标记还会记录救援队的代码，包括之前和当前在该工作场地工作的队伍代码，及其工作日期。

（4）评估、搜索、营救行动（ASR）级别。

搜救行动按照评估、搜索、营救行动（ASR）的时间顺序和工作进度，划分为五个ASR级别，从ASR1到ASR5。每个级别的具体含义见表13.1。

表13.1　ASR级别说明

ASR级别	名称	具体工作的目标
ASR1	大范围评估	对受灾区域或被分配的区域进行初步调查：确定灾害等级、范围、评估急需的资源、确定分区方案和明确大致危险等。通常由当地行政部门在最早期完成。
ASR2	工作场地优先级评估	主要目的是在分配区域内，确定可能有幸存者的工作场地，并根据情况来制订救援计划。这一任务通常由当地协调部门完成，但救援力量到达后可根据具体情况与当地协调部门共同完成。
ASR3	快速搜索营救	快速开展工作，迅速完成工作场地的全面搜索。在这个级别中，通常在数小时内完成，主要是为了快速搜索和救援浅层的伤者，如果发现无法救出的幸存者则需进行标记和报告。
ASR4	全面搜索营救	此级别的行动，主要是为了营救在ASR3中无法营救的幸存者，如深埋的幸存者。
ASR5	全覆盖搜索和恢复	通常在救援基本结束后进行，主要任务包括在工作场地移除和拆除危险建筑物、挖掘遇难者。需要注意，在移除和拆除危险建筑物时，仍有可能找到在前面的工作中未发现的幸存者。

（5）工作场地优先级分类。

不同的工作场地，根据救援队伍基于快速搜索营救工作而了解到的信息，如已确认幸存者的数量、可能幸存者的数量、废墟中的遇难者数量以及预期的工作时长等情况，可将工作场地划分为四个级别，分别用A、B、C和D表示。这四个级别的具体含义如表13.2所示。

表13.2 工作场地优先级分类说明

标识	标识说明	工作时长预测
A	确定有幸存者：经前期评估，已确认此工作场地中仍有幸存者待救援。	<12小时
B	确定有幸存者，其含义同A级别。	≥12小时
C	可能有幸存者：该区域内存在有人幸存的可能，但评估人员无法确定是否存活。甚至评估人员不知道被困者是否在此区域，例如周围的人报告还有人在此建筑物中未救出。	未评估
D	没有幸存者，但有遇难者：明确没有幸存者的区域，当地政府将负责清理尸体和推平建筑等工作。	未评估

2.工作场地分类标记的具体形式

工作场地分类标记应绘制在本工作场地的入口附近，并选择一个明显且稳定的建筑物或巨石，以确保颜色的要求是与其底色对比鲜明的颜色。具体形式是一个边长为1~1.2m的方框，方框内的信息包括工作场地代码（文字高度约40cm）、救援队代码、ASR级别和日期（文字高度约10cm），而其余信息应在方框外标示。如果搜索救援工作全部完成，则需要在方框中间添加一条水平线，见图13.3。

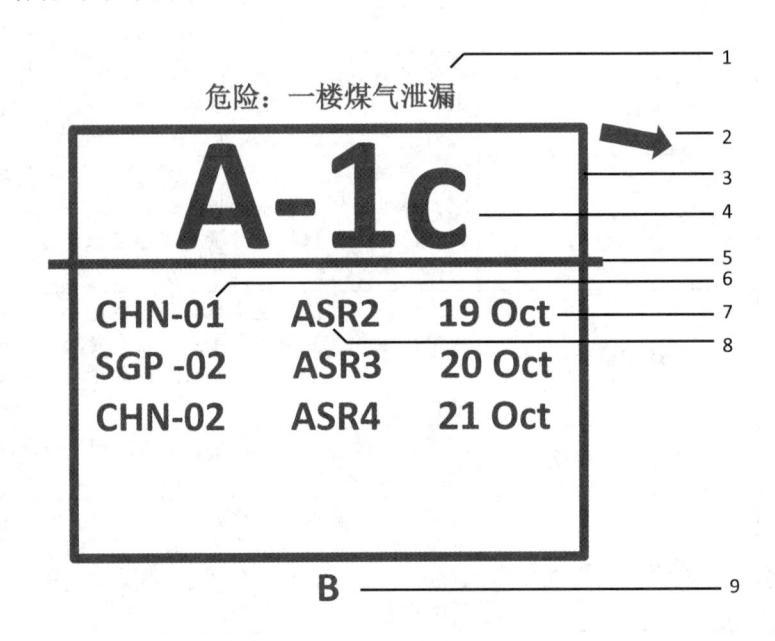

图13.3 搜索救援工作全部完成的工作场地标记系统

图示：1：位于方框上方的是危险情况说明。2：标注着一个箭头，指向工作场地入口的方向。3：标注的是一个方框。4：表示工作场地的编号。5：代表工作完成的水平线。6：记录救援队伍代码。7：记录队伍工作的日期。8：表示队伍工作的ASR级别。9：显示了工作场地优先级分类，位于方框下方。

注：若有其他重要信息，也可简要记录在方框外的空白处。

图13.3呈现了在搜索救援工作全部完成后的工作场地标记，其中包含以下信息：此工作场地的编号为A-1c，箭头指示着入口的方向。整体的工作场地优先级分类为B级，即确定有幸存者，并且预计救援时间将超过12小时。此工作场地存在一楼煤气泄漏的危险。目前已有三支队伍参与工作，第一支是CHN-01队伍，他们于10月19日完成了ASR2级别的工作；第二支是SGP-01队伍，他们于10月20日完成了ASR3级别的工作；第三支是CHN-02队伍，他们于10月21日完成了ASR4级别的工作。

三、受困者标记（Victim Marking）

受困者标记主要提示幸存者或遇难者的受困位置。

1. 受困者标记具体应用场景

受困者标记具体应用场景包括：

（1）当搜索救援队伍无法继续留在现场工作时，需要留下标识，以便后续队伍或工作人员继续进行救援工作时能够精确定位受困者的位置。

（2）在快速搜索过程中，如果发现多名受困者，首先对这些位置进行标记。随后，等待后续队伍到达，以便有针对性地展开营救行动。

2. 受困者标记绘制的具体要求

受困者标记绘制的具体要求如下：

（1）标记应尽可能放置在离受困者较近的位置，以提高定位的准确性。

（2）用大写字母V来表示有可能存在受困者的位置，文字高度应在50cm左右，以确保标记清晰可见。

（3）标记的颜色应与标记物的底色形成鲜明对比，以便在复杂环境中也容易辨认。

（4）尽量避免与工作场地分类标记重叠，除非没有其他合适的标记位置可用。

（5）一旦救援行动结束，应撤销或清除受困者标记。

3. 受困者标记示例

受困者标记用大写字母V表示此位置有受困者，同时箭头指向受困者具体方向。大写字母V下方用L代表幸存者，D代表遇难者。后方的数字表示人数，例如L-2代表幸存者2人。如有信息更新，则可划去原来的信息，并在下方写上新信息。作为应急医疗队，仅需要了解未被划去的信息即可。图13.4是一个受困者标记的示例，其中包含以下信息：此位置箭头所指方向有受困者；最初发现两名幸存者，但后续更新的信息显示，目前此位置有一名幸存者和一名遇难者。

```
V ─────── 1
 ↘ ─────── 2
~~L-2~~ ─────── 3
L-1 ─────── 4
D-1 ─────── 5
```

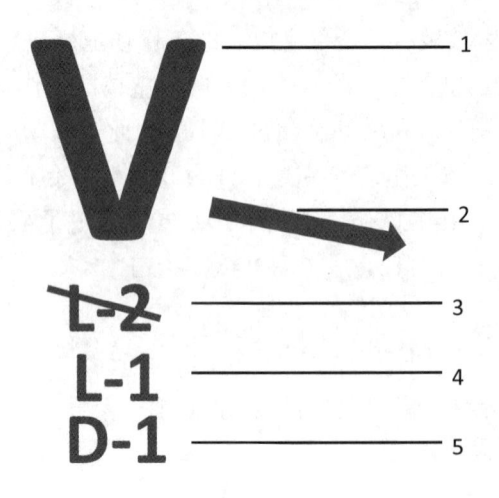

图13.4 受困者标记示例

图示：1：大写字母V，为受困者标记。2：箭头用来指明受困者方向。3：已过时的信息。4：幸存者及人数。5：遇难者及人数。

四、快速清理标记（Rapid Clearance Marking）

快速清理标记用于确认在工作场地中不需继续救援的位置标记，以避免后续救援队反复搜索确认，减少不必要的重复劳动。这种标记有两种类型：

1. "已清理"标记（"Clear" Marking）

在搜索救援工作中，如果救援队明确确认某区域内没有幸存者，且已经将所有遇难者移除，可以绘制一个菱形标记，中间写上大写字母C，并留下绘制此标记的队伍代码和日期，文字高度约20cm。这个标记通常在完成ASR5级别的工作后应用，被称为"已清理"标记，表示此区域可以进行废墟的推平清理工作。示例见图13.5。

2. "只有遇难者"标记（"Deceased Only" Marking）

当完成全面搜索，而某个位置只有遇难者，没有幸存者时，该区域不需要继续救援。在这种情况下，则可绘制"只有遇难者"标记。此标记主体为一个菱形，内部写上大写D，下方写上绘制标记的队伍代码和日期，文字高度约20cm，示例见图13.6。请注意，当遇难者被后续移除后，救援人员应在原有标记旁绘制"已清理标记"。

图13.5　"已清理"标记示例

图示：1：已清理标记。2：绘制标记的队伍代码。3：绘制标记的日期。

图13.6　"只有遇难者"标记示例

图示：1：只有遇难者标记。2：绘制标记的队伍代码。3：绘制标记的日期。

第二节 紧急信号（Emergency Signaling）

信号系统（Signaling System）主要用于多个队伍和部门之间的沟通。虽然很多信号系统主要用于搜救队伍之间的信息传递，但其中的紧急信号对于所有种类的救援队伍在灾害环境下执行任务的安全性至关重要。辨识通用的紧急信号（Emergency Signaling）可以确保所有现场的应急医疗队了解紧急情况，采取必要措施以尽可能避免危险，并保证安全有效开展应急救援工作。这种认识对于所有参与救援工作的人员都至关重要，甚至包括在灾区开展自救和互救的灾民。因此，所有在灾区工作的人员必须熟悉各种通用的紧急信号并达成共识。紧急信号的特点是简洁清楚，便于各类人员迅速做出反应。这种信号通常用声音发出，可以使用汽笛声或其他适当的声音装置来发出紧急信号。本节重点介绍INSARAG统一的紧急信号，包括疏散信号、暂停行动信号和恢复行动信号。

1.疏散信号

疏散信号用于迅速清空工作场地。所有能够移动的人员听到此信号，应立即停止工作，迅速离开工作场地。此信号的形式为：三声急促的短声，每次持续一秒，一直重复，直到工作场地完全清空。

2.暂停行动信号

暂停行动信号用于通知工作场地内所有人员暂停工作，此信号的形式为一声长声，持续三秒钟。

3.恢复行动信号

恢复行动信号用于工作暂停后重新开始救援行动，此信号的形式为一长声加一短声。

图13.7展示疏散信号、暂停行动信号和恢复行动信号的声音持续时间示例。

图13.7 通用紧急信号的声音持续情况

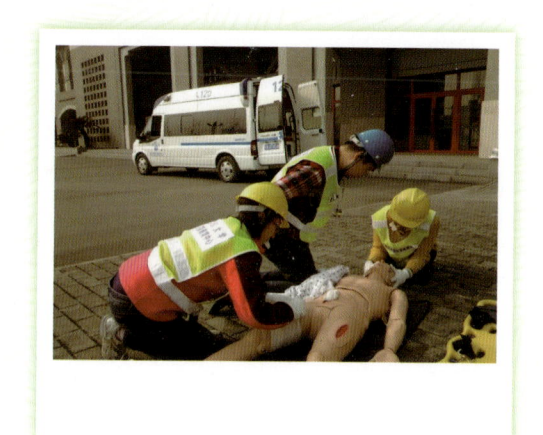

下 篇

第一章 分诊（Triage）

培训目标	通过对分诊教学内容和方法的学习，培养学员在灾难发生时对各种不同伤员伤情的准确且及时分类诊断的能力。
培训要求	（1）时长45分钟。 （2）1名导师和6名学员。
培训准备	（1）安排15名模拟伤员或15具模拟人（贴上个案数据）放在现场各个角落。 （2）把现场灯光调暗。 （3）准备足够数量的4色分诊牌——红、黄、绿、黑。 （4）定时器。
培训步骤	（1）将6名学员分为A、B两组，每3人为一组。 （2）当A组进行分诊练习时，B组准备。 （3）指导学员先穿上救援装备，同时准备救援物资（如急救包、脊柱板等）。 （4）提供灾难案例，让学员进入灾场练习分诊，学员按伤员情况把分诊牌挂在模拟伤员身上以示分诊。 （5）导师开始计时，学员5分钟内完成对所有"伤员"的分诊。 （6）检查学员能否在限定时间找出全部15位伤员，然后进行简要的分析，让学员解释按什么标准去为每位伤员进行分诊。 （7）B组练习。

（见图1.1～图1.4）

图1.1　分诊现场示意图

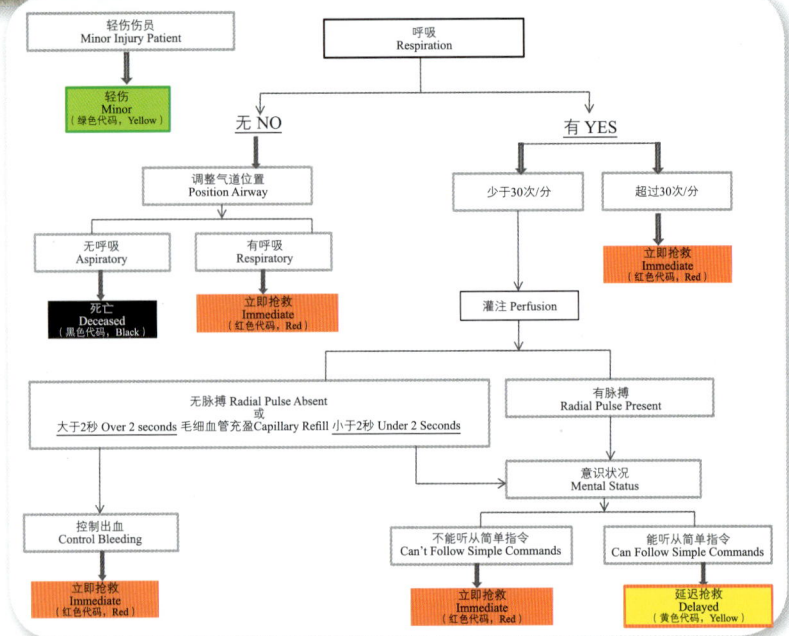

图1.2　分诊步骤示意图

图1.3　分诊现场准备示意图

图1.4 分诊教学系列示意图

第二章 事故指挥系统
（Incident Command System）

培训目标	通过事故指挥系统教学内容和方法的模拟演习（Simulation Drill）及讨论思维训练，培养学员应对突发事故指挥和调配各种医疗资源的能力。
培训要求	（1）时长45分钟。 （2）1名导师和6名学员。
培训准备	（1）白板。 （2）大桌子及各种桌面模型。 （3）灾区模拟地图。 （4）各种大型交通意外模型，如车、船、飞机。 （5）各种救援工具模型，如救护车、工程车、直升机。 （6）各种现场设施，如除污区、分诊区、医疗站、移动手术室/ICU。 （7）各种标示，如热区、暖区、冷区、风向。 注：如有虚拟现实设备，可采用虚拟实境方式进行培训。
培训程序	（1）学员选择事故指挥系统中所扮演的角色。 （2）导师讲述灾难案例。 （3）学员讨论15分钟，按其角色分工处理灾难。 ①角色分工——事故指挥官、安全官、联络官、公共信息官、规划组、财务组、物流组、应对组等； ②现场评估； ③人力物资调配； ④现场设施设定； ⑤搜索及救援； ⑥除污，分诊，初步稳定（包括医疗救援、公共卫生应急救援、心理应急救援）； ⑦进一步适切治疗； ⑧疏散及确定转运方式； ⑨与转运转医院沟通。 （4）预备15分钟讨论，让各学员对以上课题进行报告，导师给予评价。

（见图2.1～图2.2）

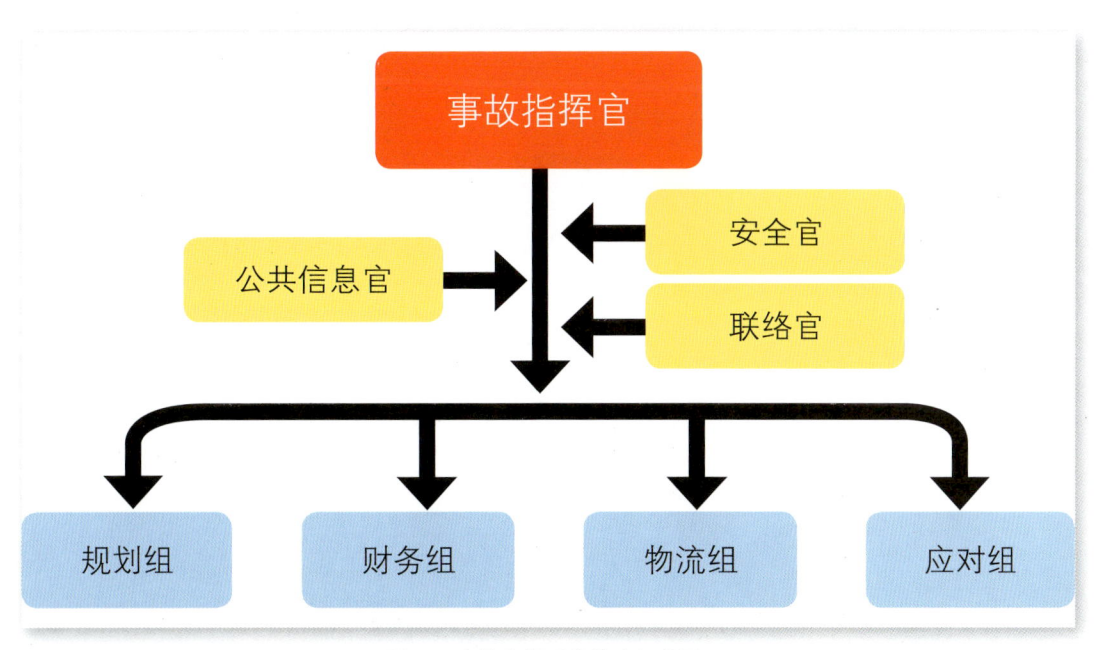

图2.1 事故指挥系统构建示意图

图2.2 事故指挥系统现场演示示意图（A）

143

图2.3 事故指挥系统现场演示示意图（B）

图2.4 事故指挥系统现场演示示意图（C）

第三章 化生放核爆个人防护装备（CBRNE-PPEs）

培训目标	通过对化生放核爆个人防护装备的相关内容和使用方法的学习，培养学员在CRBNE事件中使用专门个人防护设备（PPEs）的技能。
培训要求	（1）时长5分钟。 （2）每6名学生一小组。 （3）有4级CBRNE-PPE： ①类型A用于热区（CBRNE事故发生区）； ②类型B用于温区/暖区（除污站点）； ③类型C用于冷区（分流站点）； ④类型D用于冷区（医疗中心）。 本课程只教授类型C的使用。
培训准备	2~3套C型PPEs，具体包含以下项目： ①手套； ②靴子； ③固定带； ④大塑料袋； ⑤椅子。
培训步骤	两名学员组成一个训练小组，一名学员穿上PPE，另一名充当助手。 （1）穿上PPE程序： ①先坐在椅子上，戴内乳胶手套； ②穿长袍和脚包，穿靴子（带封条）； ③戴护目镜/面罩； ④戴外手套（带密封）。 （2）脱下PPE程序： ①在洗消后完成； ②脱下的PPE部件放入一个大塑料袋内； ③移除外手套； ④脱掉长袍和靴子； ⑤拆卸内裹脚； ⑥脱去护目镜/面罩； ⑦取下内乳胶手套。

（见图3.1~图3.2）

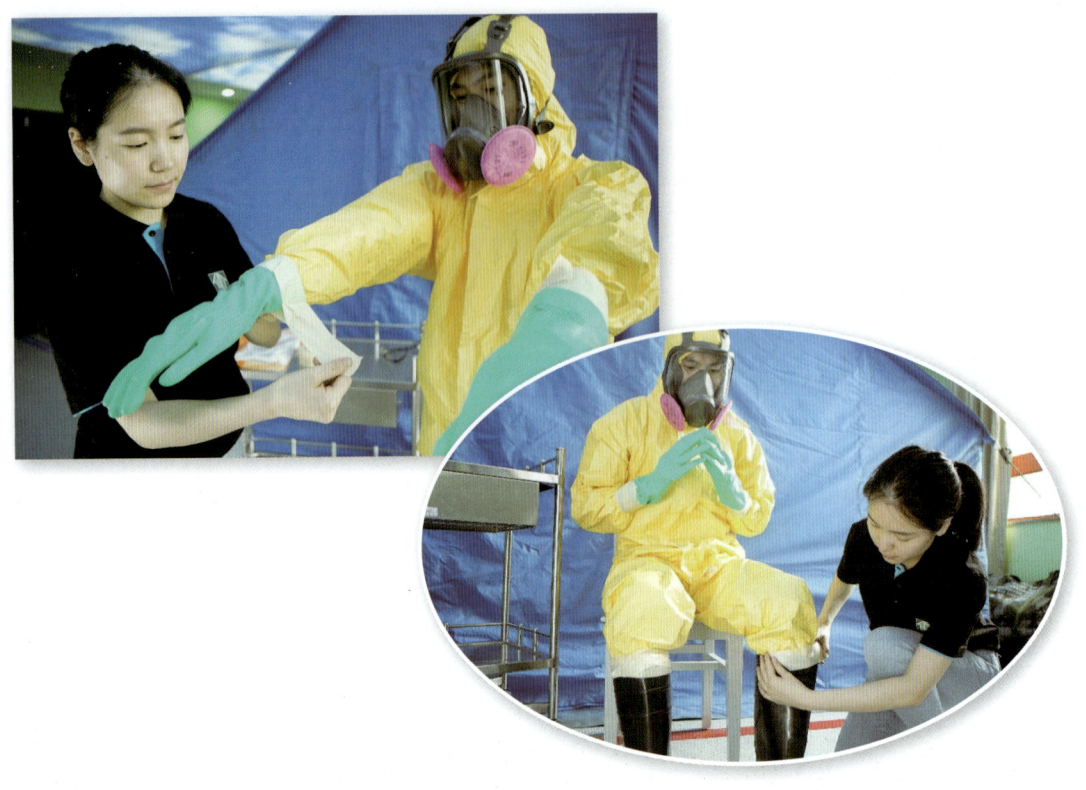

图3.1　化生放核爆个人防护装备示意图（穿上PPE）

图3.2　化生放核爆个人防护装备示意图（脱下PPE）

第四章 伤口缝合（Wound Suturing）

培训目标	通过对伤口缝合的教学内容和方法的学习，培养学员进行简单伤口缝合的能力，以防止在核事件中让放射性或核物质经伤口进入体内。
培训要求	（1）时长45分钟。 （2）1名导师和6名学员。
培训准备	三套缝合设备，主要包含以下几项： ①带切割针（2.0或3.0）丝或尼龙缝针线； ②持针镊； ③有齿镊； ④剪刀； ⑤锐器盒； ⑥猪肉皮。
培训步骤	（1）播放以下三种缝合技术的简短视频录像： ①简单间断式缝合； ②垂直褥式缝合； ③水平褥式缝合。 （2）将学员分成3个小组，每2名学员一组，并在猪皮上练习3种缝合技术。

（见图4.1～图4.4）

图4.1 伤口缝合

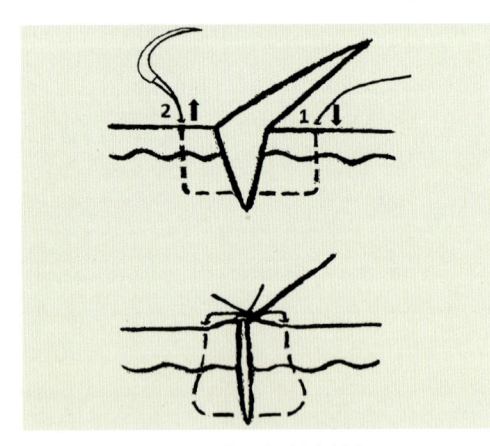

图4.2 简单间断式缝合
(Simple Interrupted Suture)

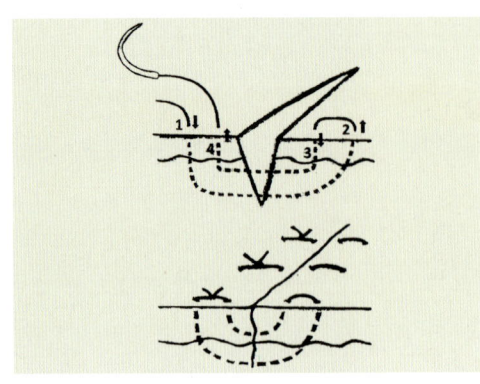

图4.3 垂直褥式缝合
(Vertical Mattress Suture)

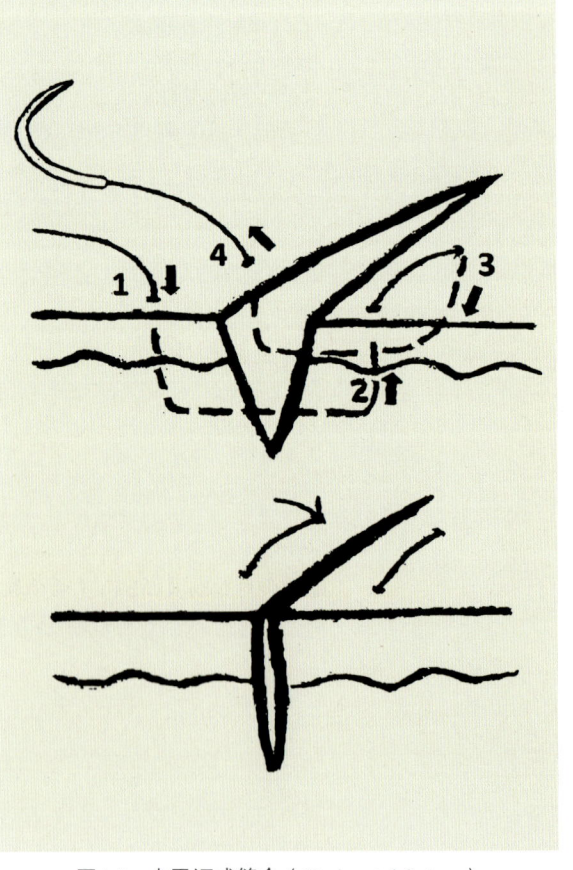

图4.4 水平褥式缝合(Horizontal Suture)

第五章　困难气道管理
（Difficult Airway Management）

培训目标	通过对困难气道管理教学内容和方法的学习，使学员能够掌握在灾难中管理困难气道伤员的基本技巧，更好地挽救生命。
培训限制	（1）时长45分钟。 （2）1名导师和6名学员。
培训准备	（1）2~3套插管用气道模拟人。 （2）不同类型的气道装置和相关设备： ①口咽通气管（OPA）； ②鼻咽通气管（NPA）； ③喉罩气道（LMA）； ④喉管（LTD）； ⑤联合导管（Combitube）； ⑥气管内插管（ETT）； ⑦听诊器。
培训步骤	（1）教学生MMAP方法。 M＝Mallampati分级； M＝3-3-2量度原则； A＝寰枕角（15°）； P＝病理（气道异物梗阻）。 （2）徒手打开气道：仰头抬颏法和双手托颌法。 （3）教授基本气道装置： ①口咽通气管（OPA）； ②鼻咽通气管（NPA）。 （4）教授先进的气道装置： ①喉罩气道（LMA）； ②喉管（LTD）； ③联合导管（Combitube）。 （5）教授氧气插管（ETT）插入的不同位置： ①为仰卧位伤员插ETT（一位救援者）； ②为仰卧位伤员插ETT（两位救援者）； ③为坐位伤员插ETT（两位救援者）。

（见图5.1~图5.8）

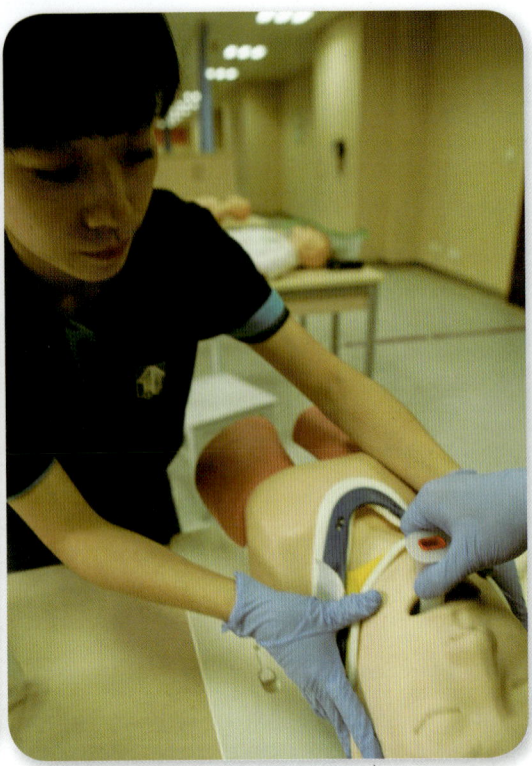

图5.1　困难气道管理（口咽通气管Oro-Pharyngeal Airway）

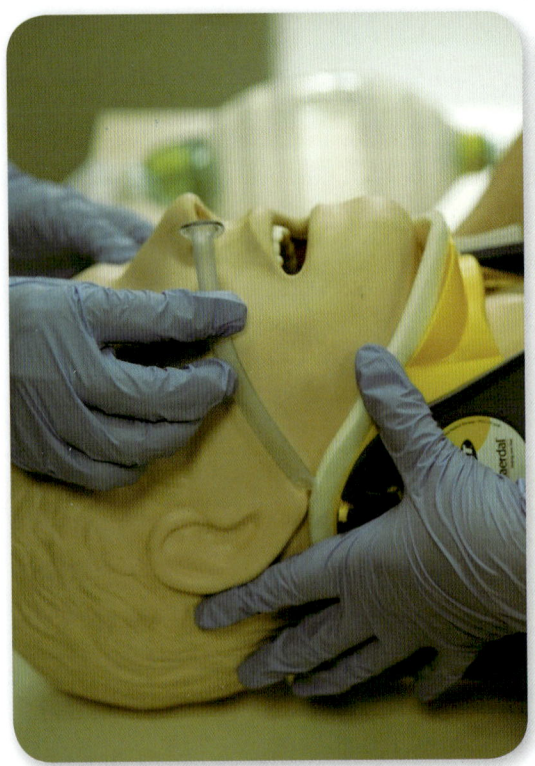

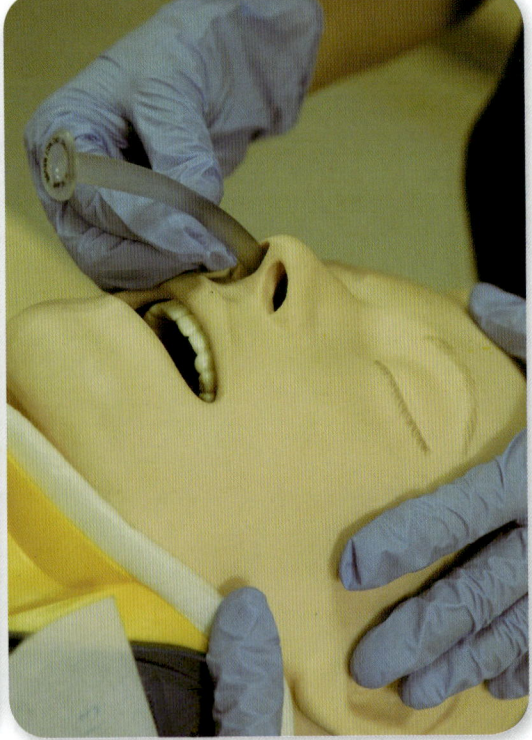

图5.2　困难气道管理（鼻咽通气管Naso-Pharyngeal Airway）

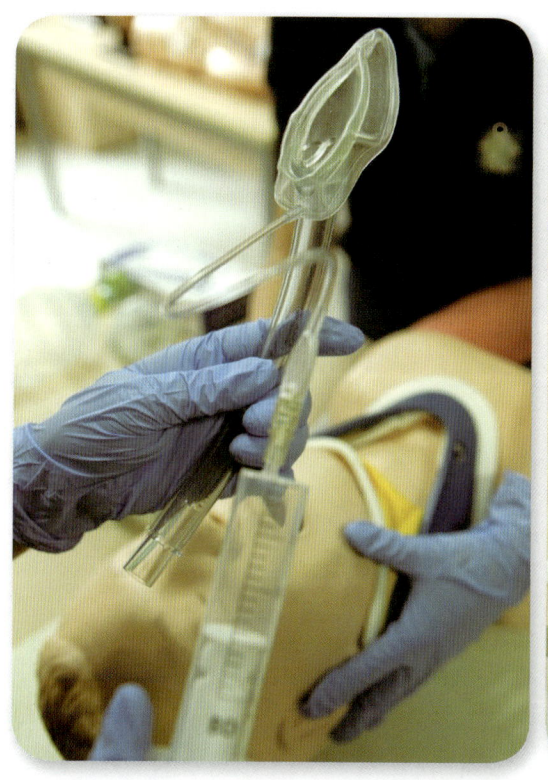

图5.3 困难气道管理（喉罩气道Laryngeal Mask Airway）

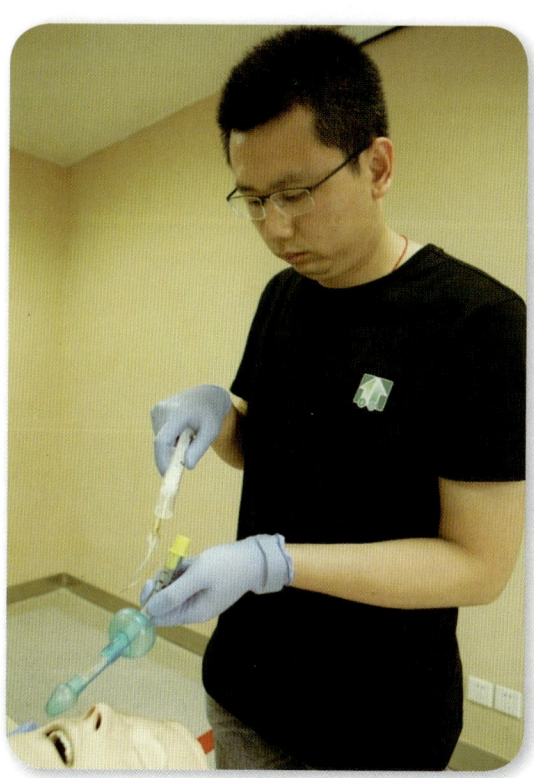

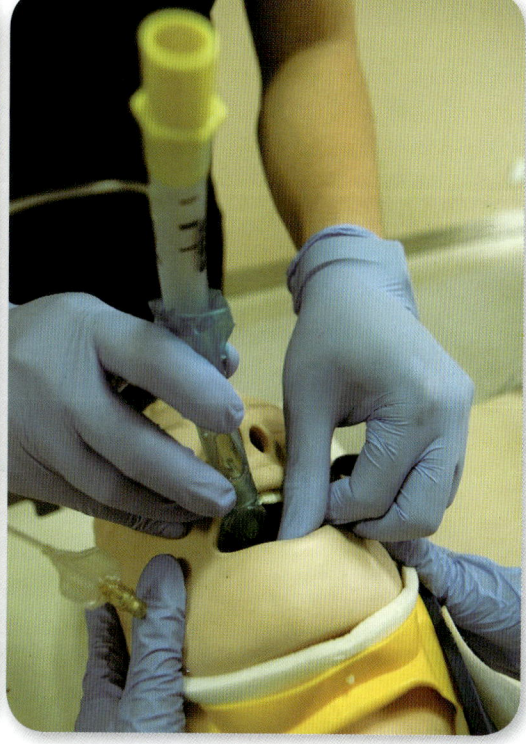

图5.4 困难气道管理（喉管Laryngeal Tube Device）

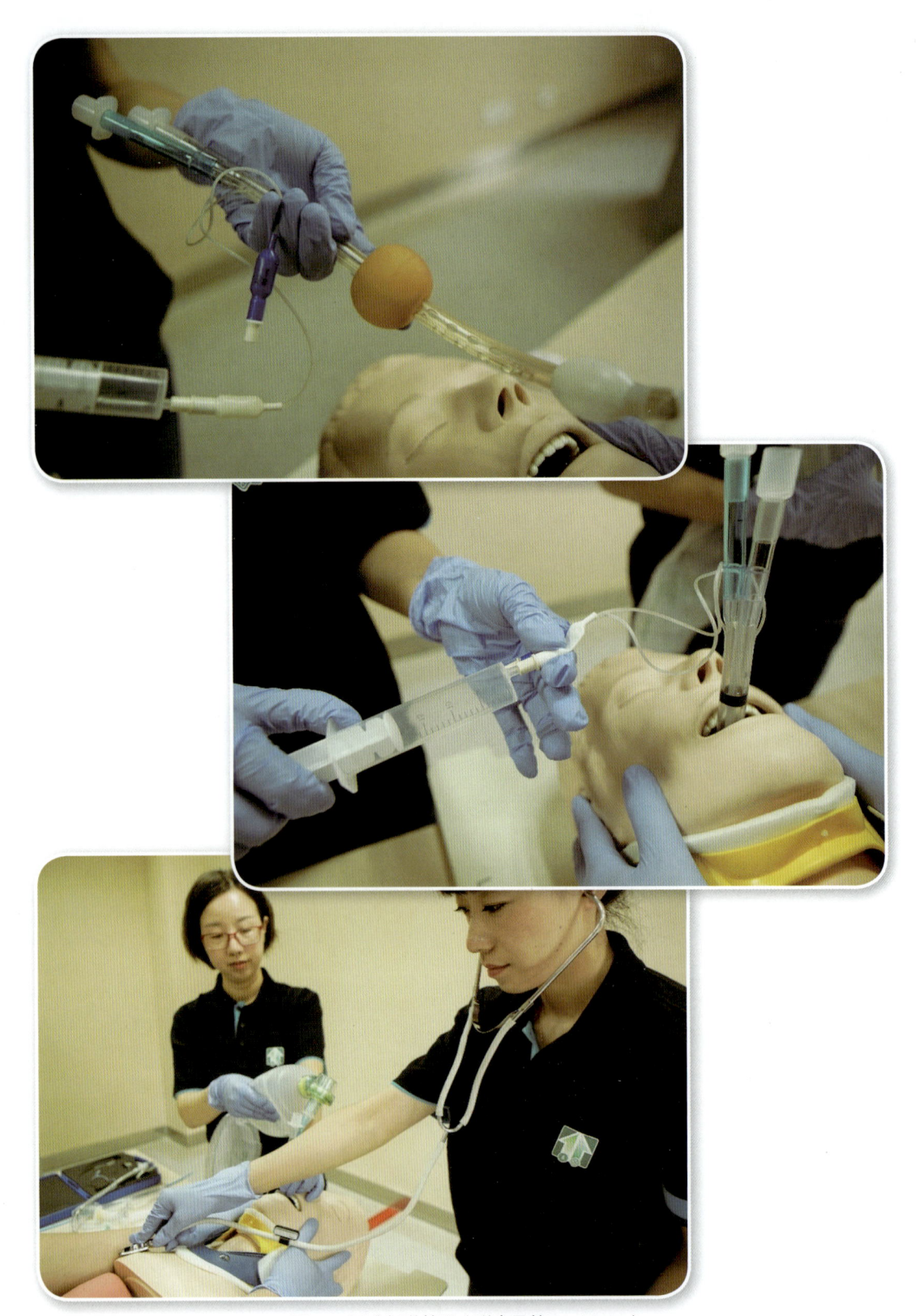

图5.5　困难气道管理（联合导管Combitube）

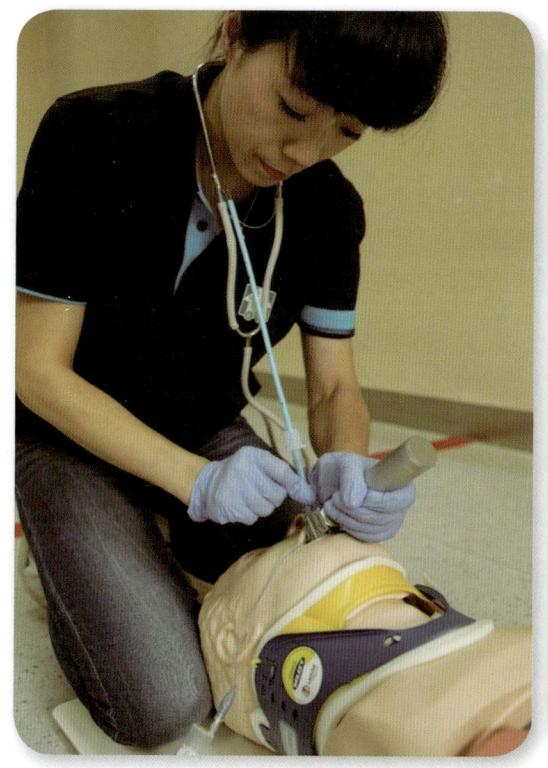

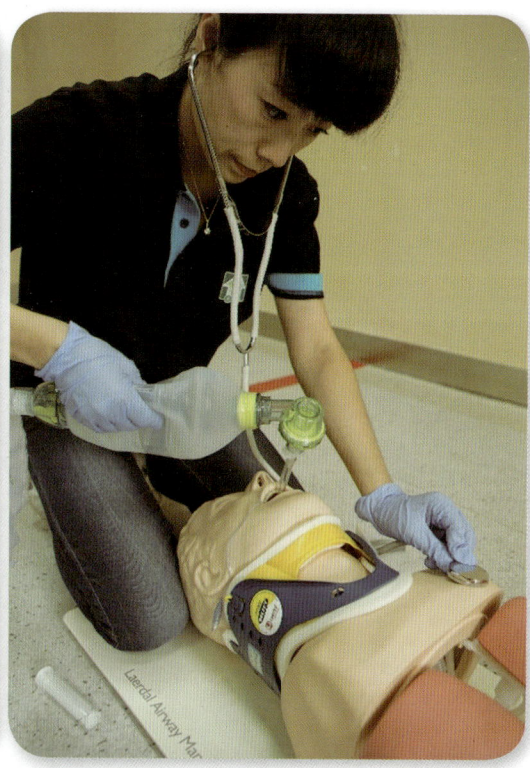

图5.6 困难气道管理——为仰卧位伤员进行气管插管（一位救援者）

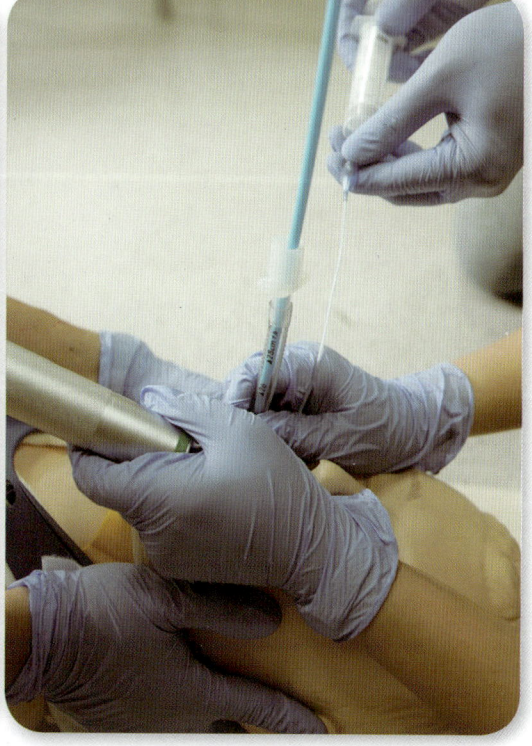

图5.7 困难气道管理——为仰卧位伤员进行气管插管（两位救援者）

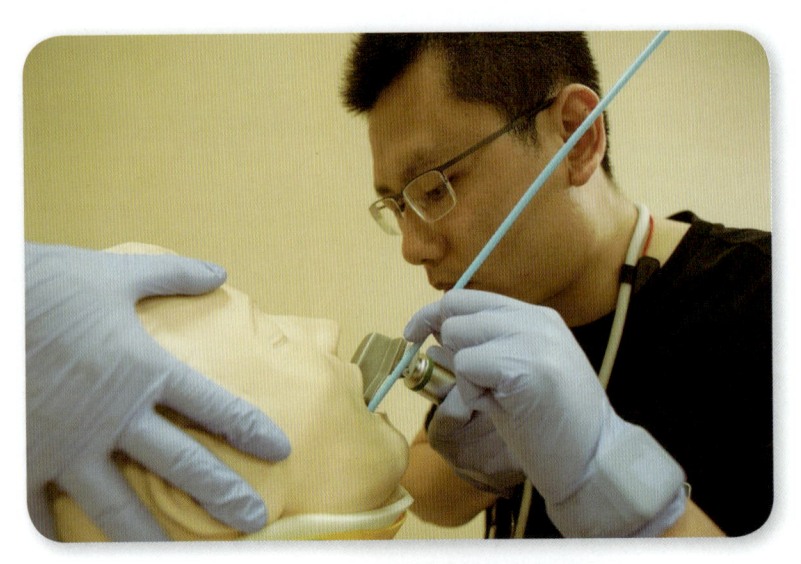

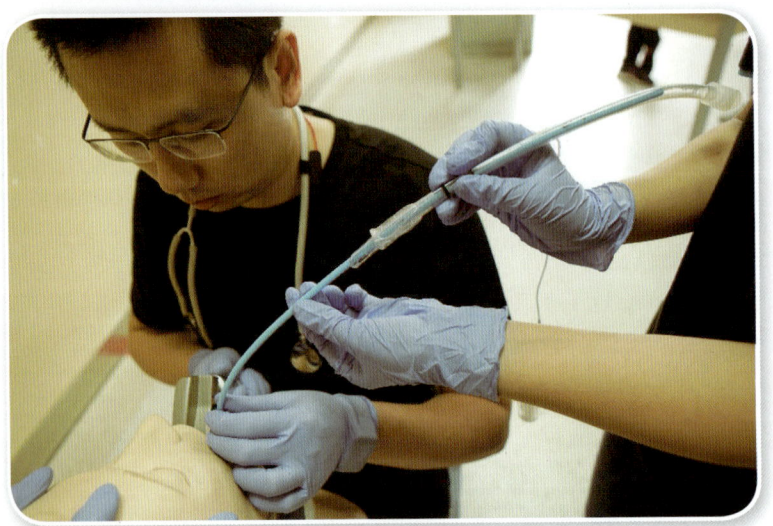

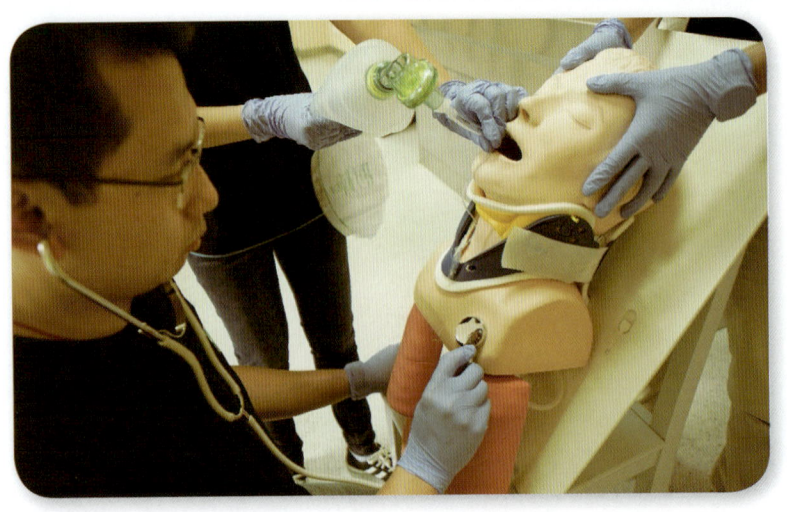

图5.8 困难气道管理——为坐位伤员进行气管插管（两位救援者）

第六章 锁定法（Grips）

培训目标	通过对锁定法的学习，培养学员在不同体位下徒手固定创伤伤员脊柱的基本技能。
培训要求	（1）时长45分钟。 （2）1名导师和6名学员。
培训准备	头盔。 KED及床单卷。 颈托。 脊柱板。
培训步骤	（1）首先进行简单头锁（Simple Head Grip）+应用颈托练习： ①可从正面或背面接触，坐姿或卧位均可； ②在初次评估和应用期间固定头部。 （2）再教头胸锁（Sternal Head Grip）： ①注意从一个锁定法转换到另一个锁定法时要交换手法； ②该手法也可用于拆卸头盔。 （3）进一步学习头肩锁（Modified Trap Squeeze）： ①将伤员载上脊柱板时做同轴滚动； ②将伤员上传到脊柱板上。 （4）学习双肩锁（Trap Squeeze）： ①移动或滑动伤员从脊柱板一侧到另一侧（或上下脊柱板）； ②方法：推土法（Bull-dozing）或直接提升。 （5）最后教胸背锁（Sternal Spinal Grip）： 在演示前让学生坐在椅子上练习运用KED解救法和床单卷解救法移离伤员。

（见图6.1～图6.8）

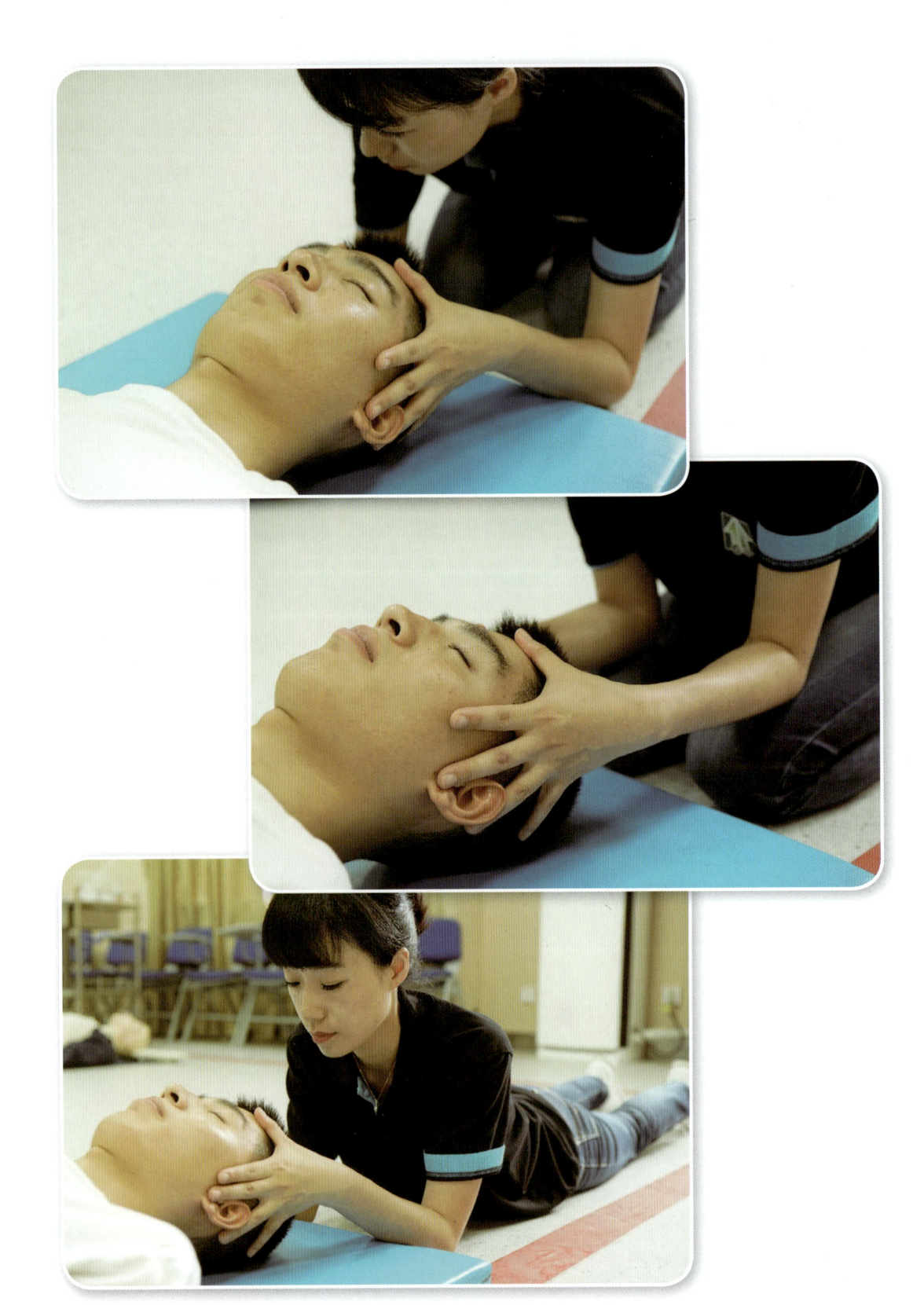

图6.1　简单头锁（Simple Head Grip）

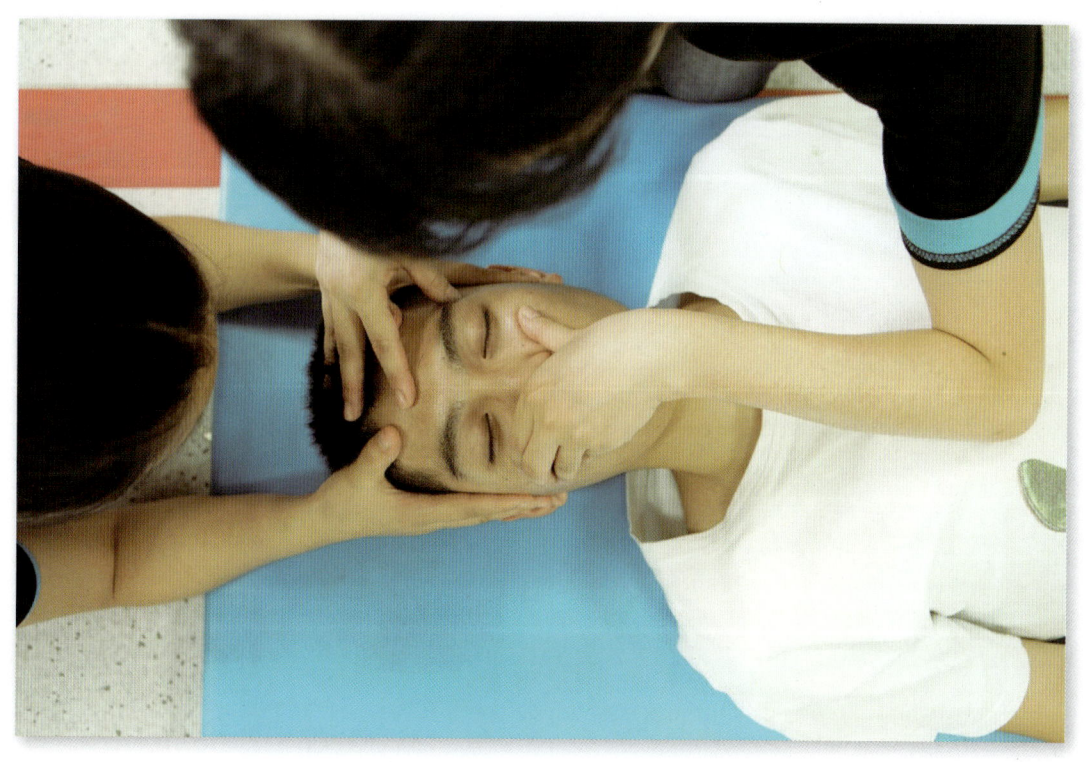

图6.2 简单头锁和头胸锁（Sternal Head Grip）

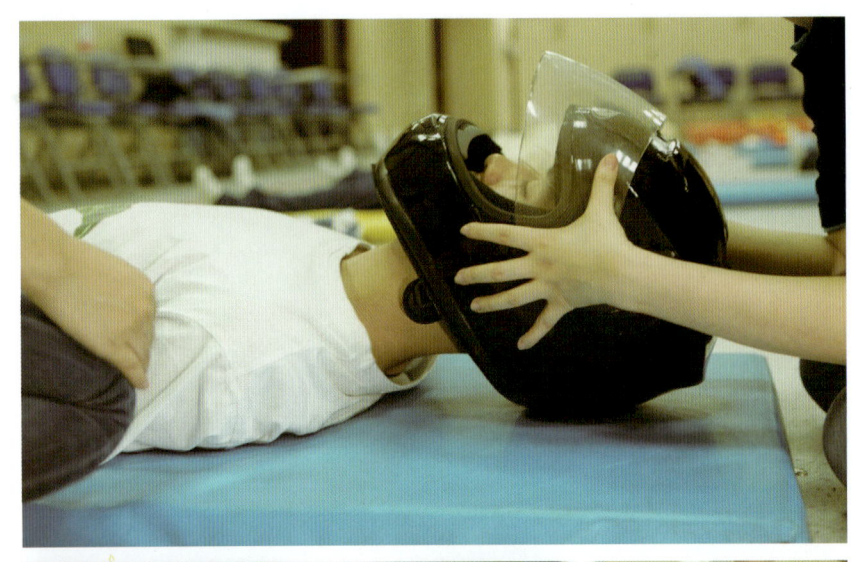

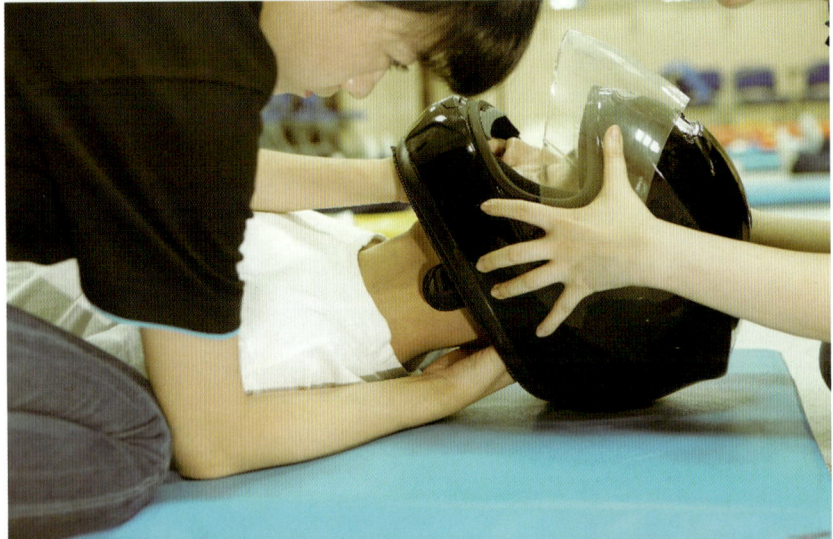

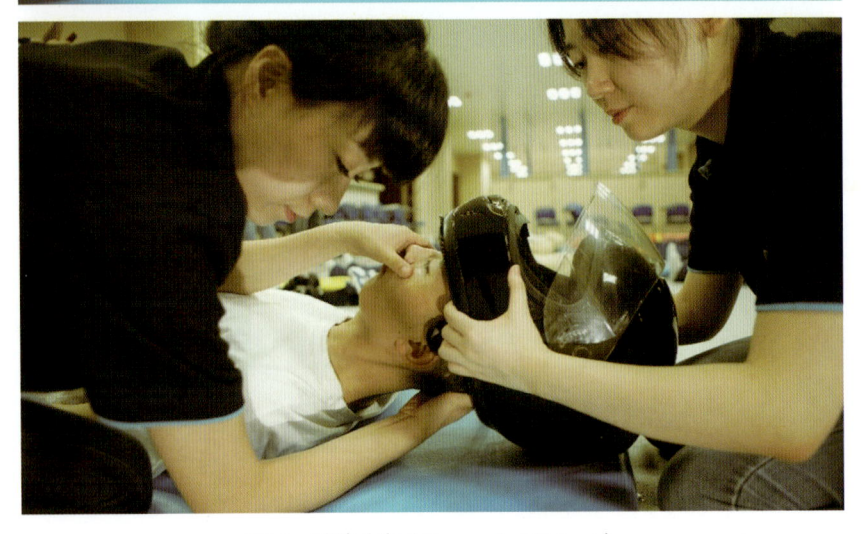

图6.3 移除头盔（Removal of Helmet）

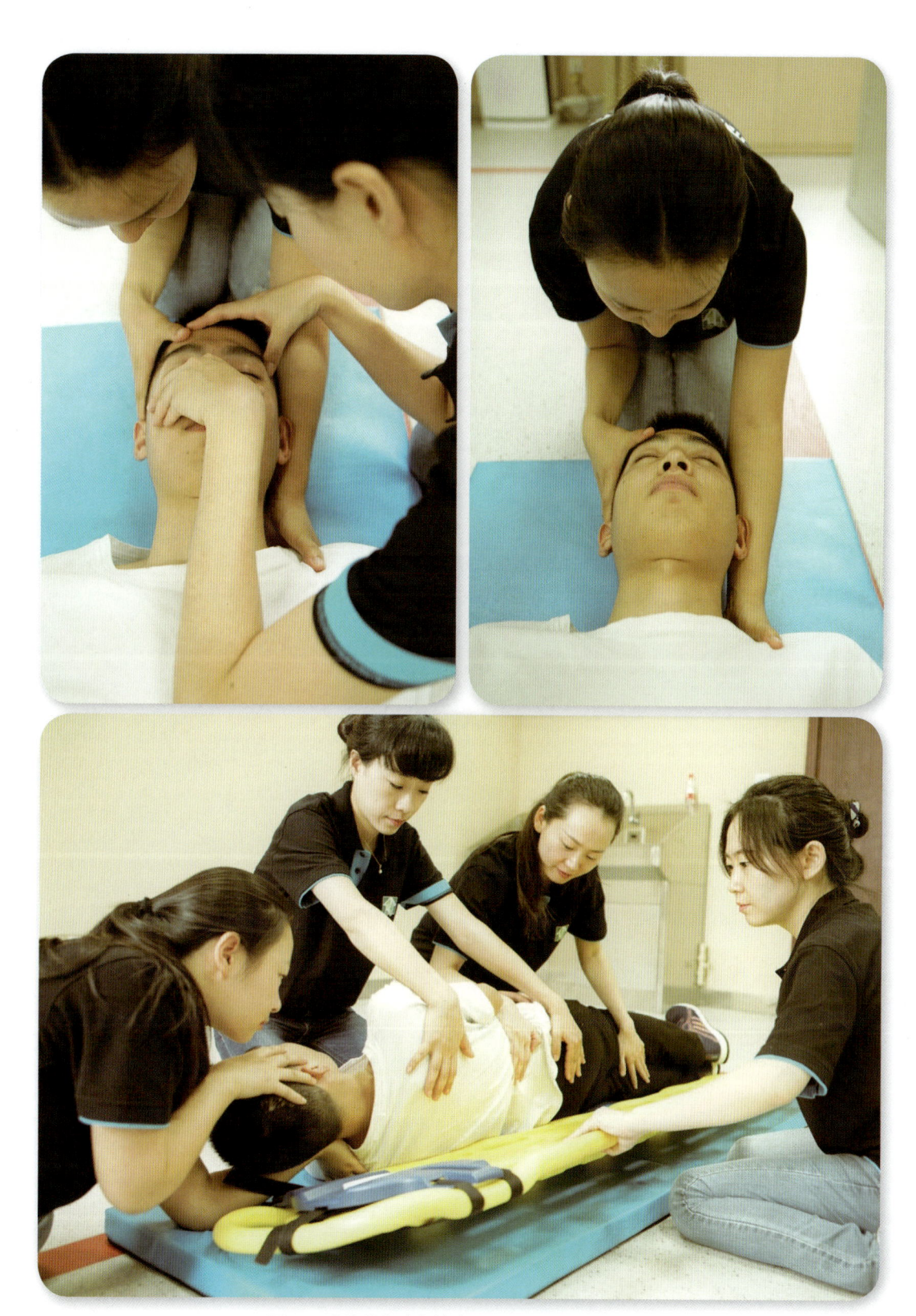

图6.4 头胸锁和头肩锁（Modified Trap Squeeze）

159

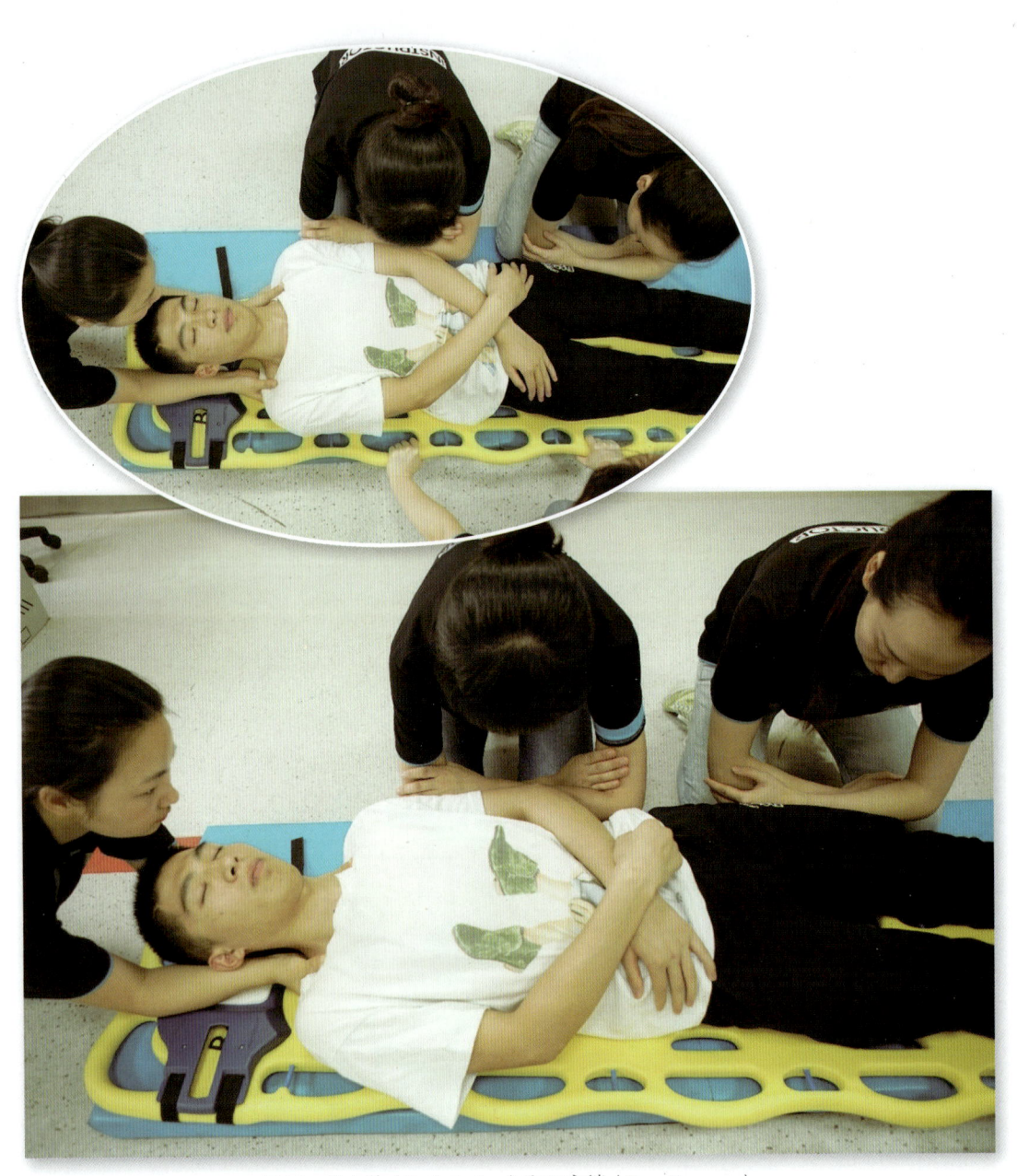

图6.5 推土法（Bull-dozing）和双肩锁（Trap Squeeze）

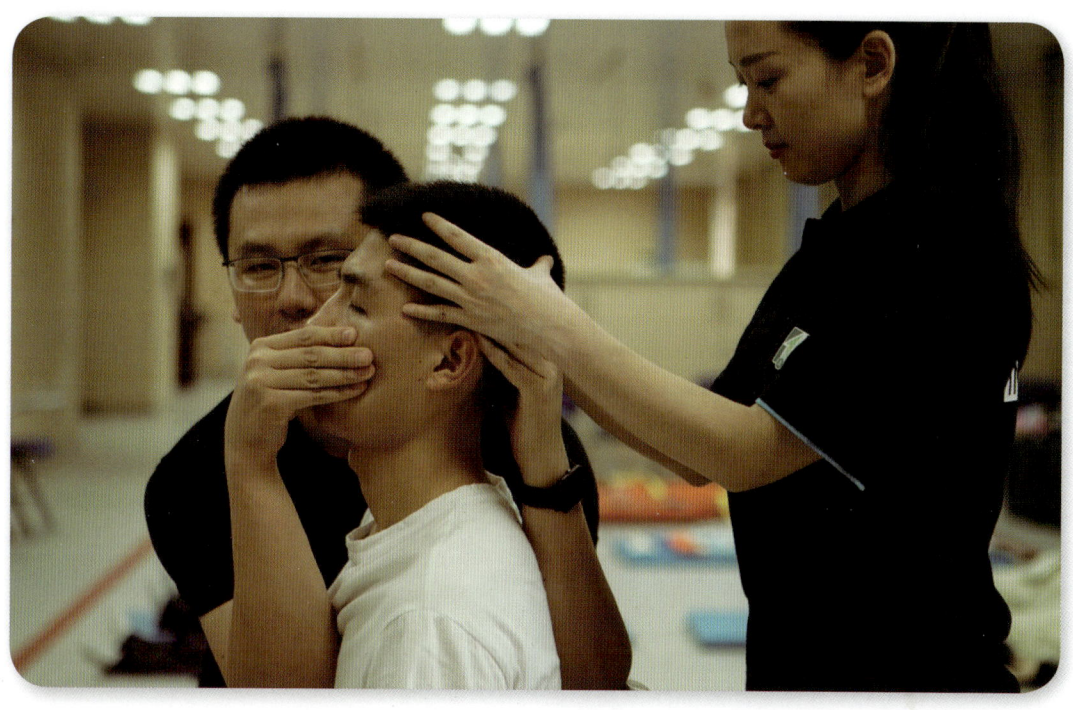

图6.6 胸背锁（Sternal Spinal Grip）和简单头锁

图6.7 床单卷解救法

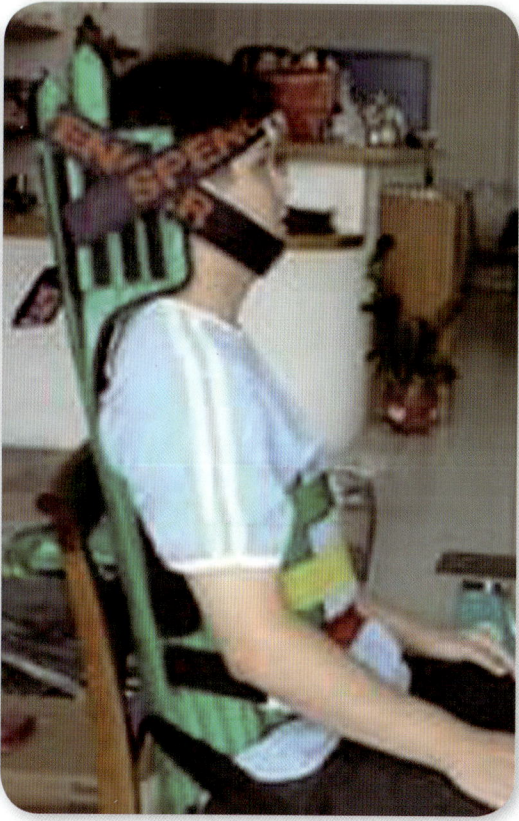

图6.8 KED解救法

161

第七章　各类创伤干预
（Miscellaneous Trauma Intervention）

培训目标	通过对各类创伤干预的教学内容和方法的学习，培养学员的执行能力，帮助学员掌握不同类型的干预措施，以应对不同类型的创伤急救。具体内容包括下面六点。 （1）张力性气胸的穿刺减压术。 （2）心包穿刺减压术。 （3）开放性胸部伤口的胸部密封贴。 （4）紧急呼吸道阻塞需要的环甲膜穿刺。 （5）对困难血管通路的骨穿刺术。 （6）用于防止严重外部出血的止血带。
培训要求	（1）时长45分钟。 （2）1名导师和6名学员。
培训准备	（1）张力性气胸：张力性气胸假人体和针。 （2）心包填塞：心包填塞假人体和针。 （3）开放性胸部伤口：开放性胸部伤口假人体、Asherman胸部密封贴、塑料胶布。 （4）紧急呼吸道阻塞：环状软骨假体和针。 （5）困难血管通路：骨模型和骨穿针。 （6）严重的外部出血：止血带。
培训步骤和方法	逐个演示每一类创伤干预，并让学员实际操作。

（见图7.1～图7.6）

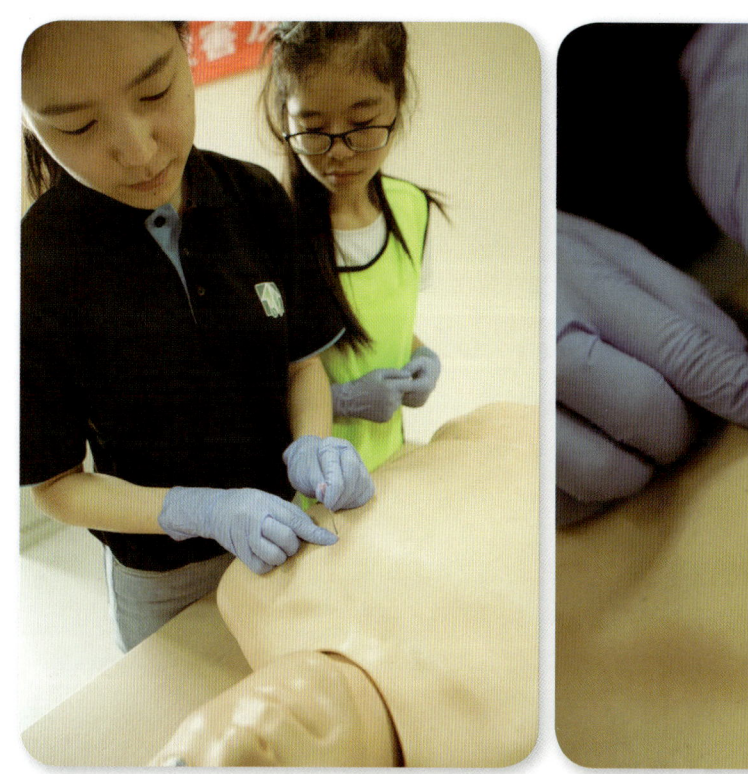

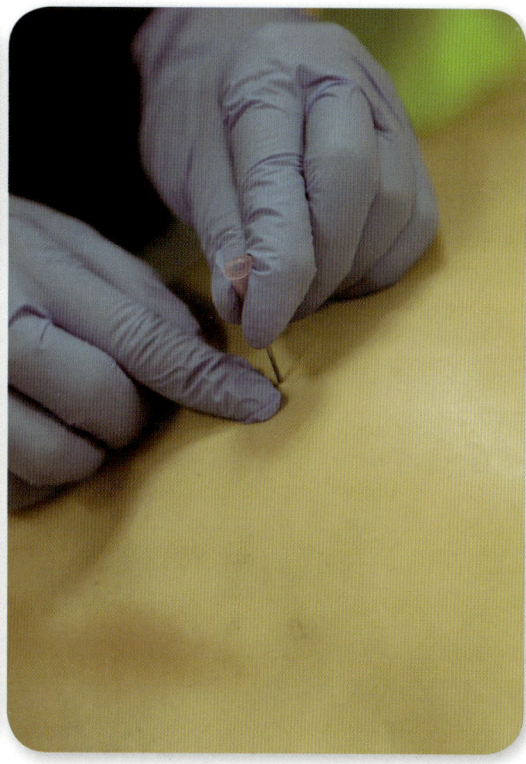

图7.1 张力性气胸的穿刺减压术（Needle Decompression for Tension Pneumo）

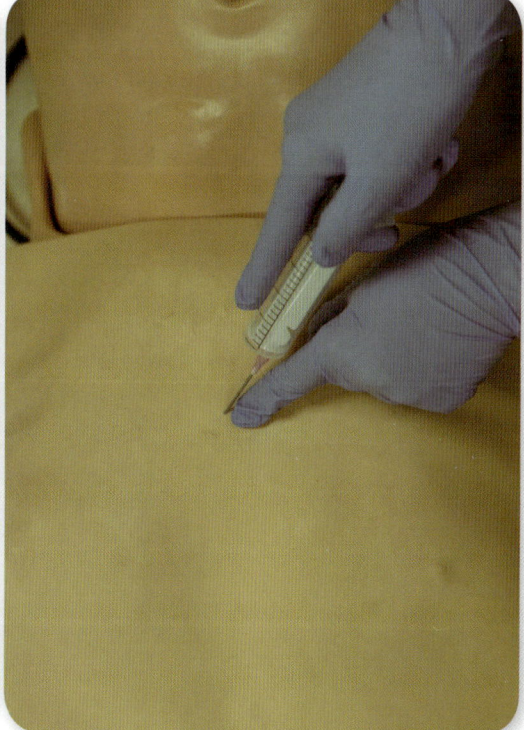

图7.2 心包穿刺减压术（Pericardocentesis）

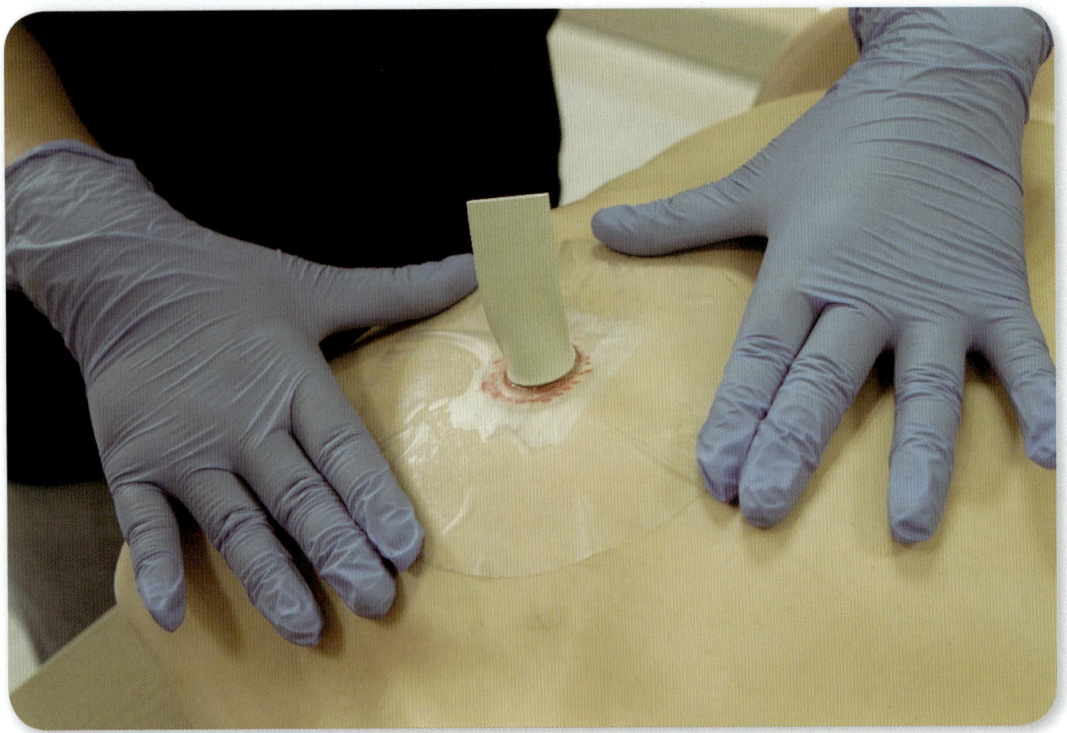

图7.3　开放性胸部伤口的胸部密封贴（Asherman Chest Seal for Open Chest Wound）

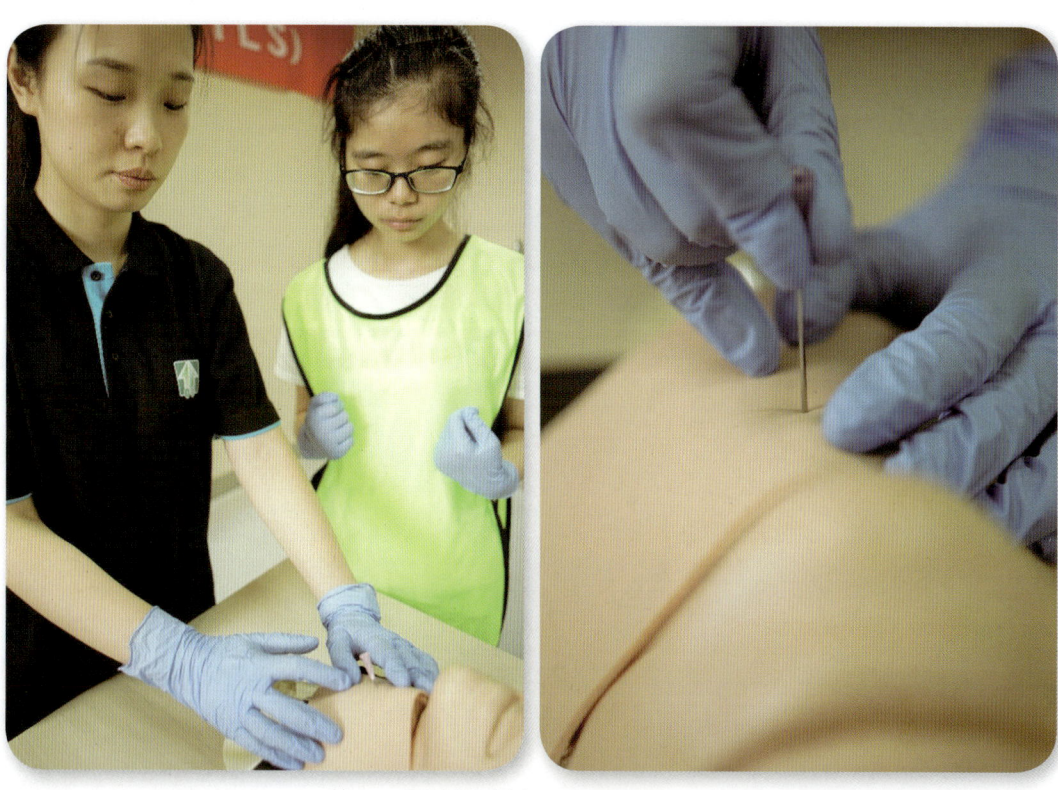

图7.4 环甲膜穿刺（Cricothyroidotomy）

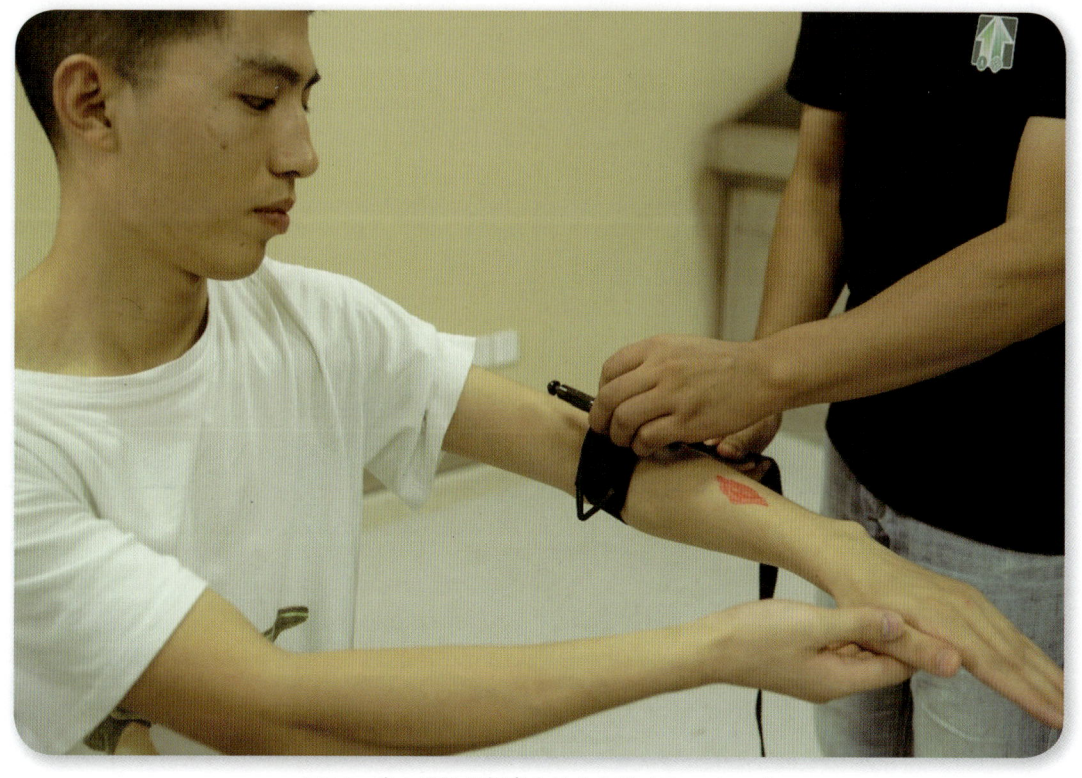

图7.5 防止严重外部出血的止血带（Tourniquet）

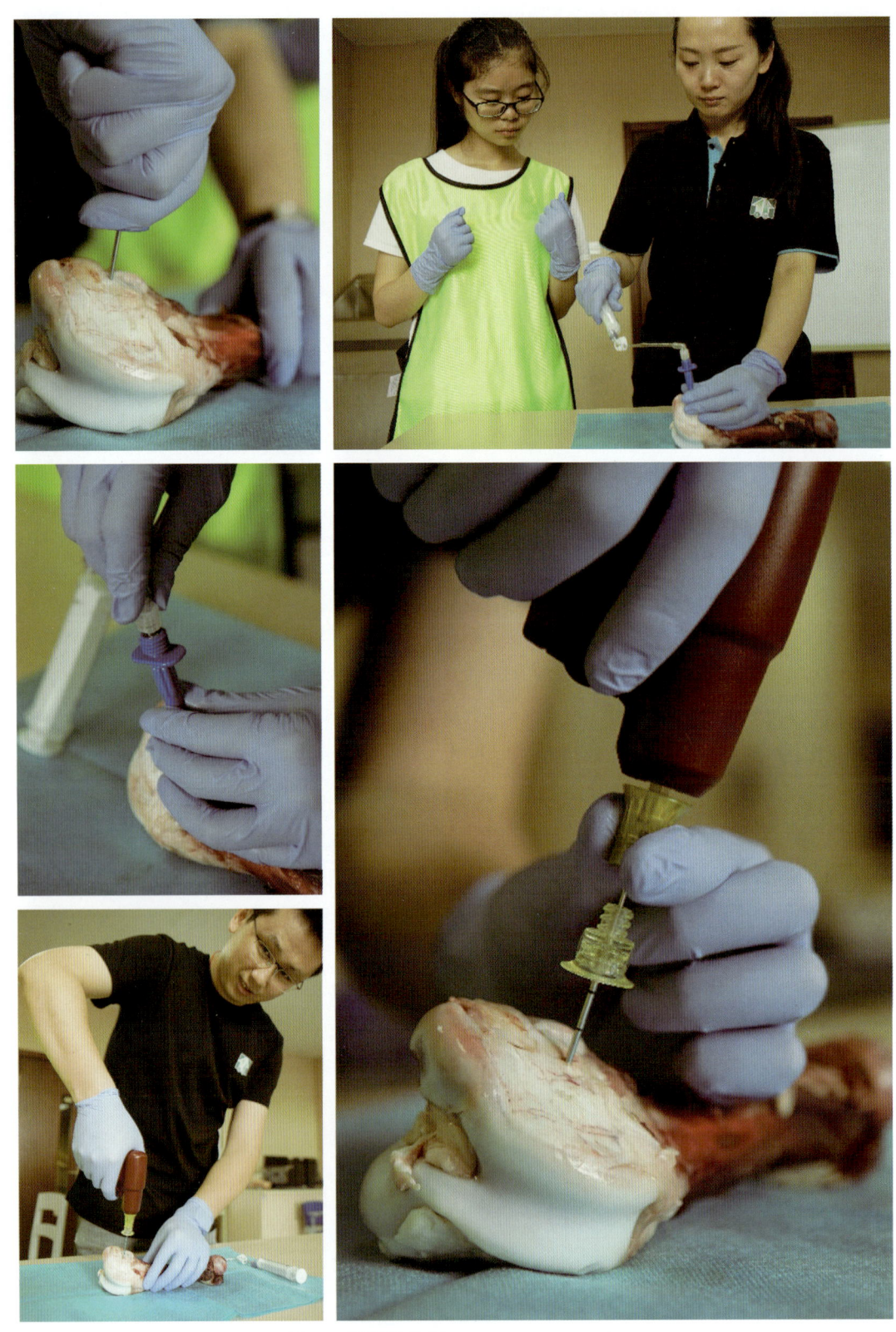

图7.6 骨穿刺术（Intraosseous Puncture）

第八章　夹板及担架（Splints & Stretchers）

培训目标	学习使用不同类型的担架，培养学员使用不同类型的夹板固定创伤伤员的能力，以使学员在灾难现场能够移离危险现场的伤员。
培训要求	（1）时长45分钟。 （2）1名导师和6名学员。
培训准备	（1）不同类型的夹板。 ①SAM夹板——用于身体的不同部位； ②骨盆夹板——用于骨盆骨折； ③牵引夹板——用于股骨骨折。 （2）不同类型的担架。 ①铲式担架（Scoop Stretcher）——用于骨盆骨折或双侧股骨骨折； ②篮式担架（Basket Stretcher）——用于促进海陆空运输。
培训步骤和方法	（1）对在不同部位使用SAM夹板进行演示和练习实践。 ①颈部； ②前臂； ③腿； ④脚踝。 （2）演示和练习骨盆夹板的使用。 （3）演示和练习牵引夹板的使用，如SAM夹板。 （4）演示和练习铲式担架的使用。 （5）演示和练习篮式担架的使用。

（见图8.1~图8.5）

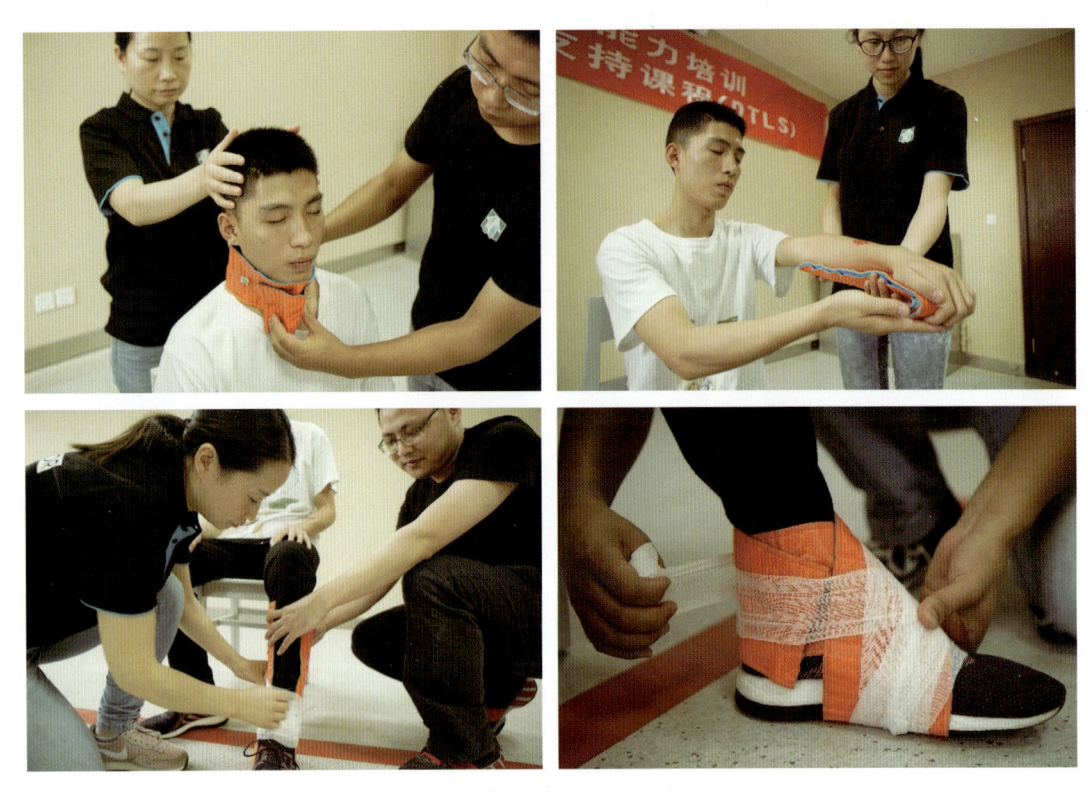

图8.1　夹板及担架（SAM夹板）

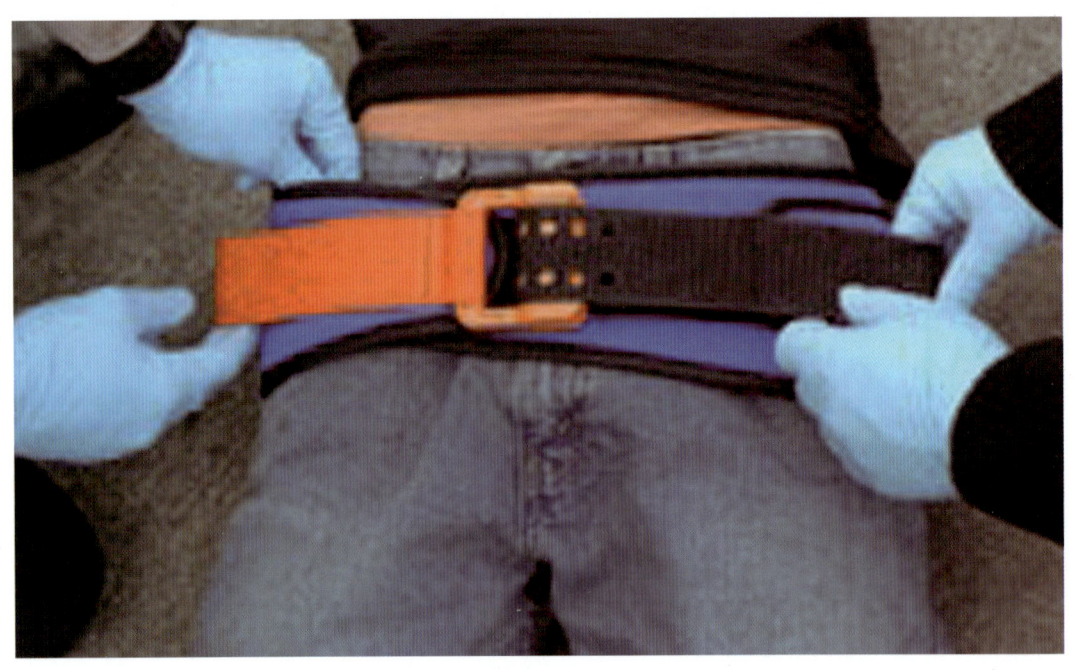

图8.2　夹板及担架（骨盆夹板）

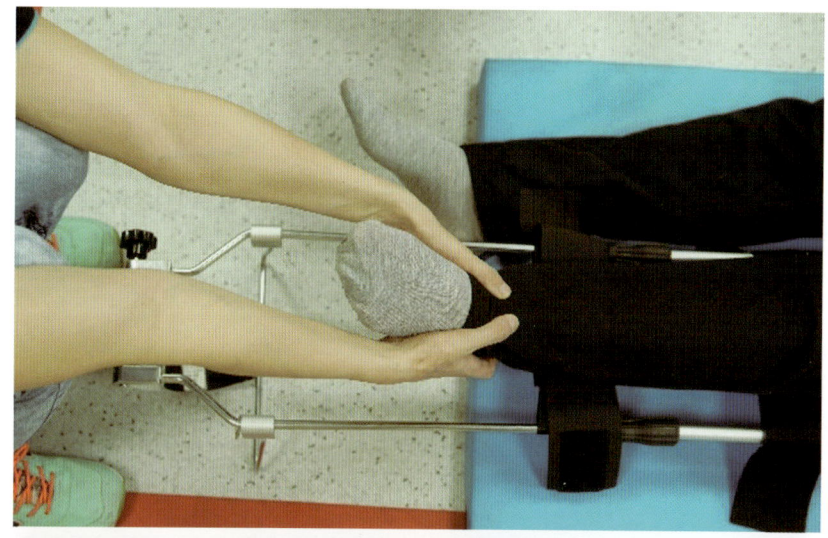

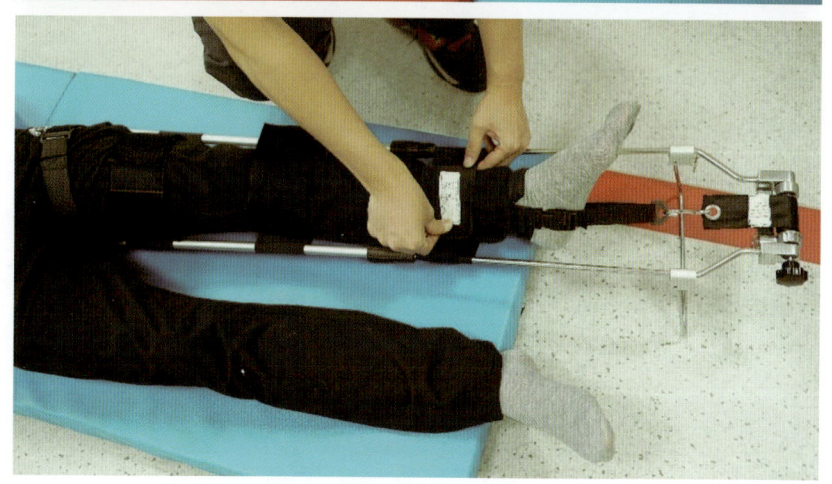

图8.3 夹板及担架（牵引夹板）

图8.4 夹板及担架（篮式担架）

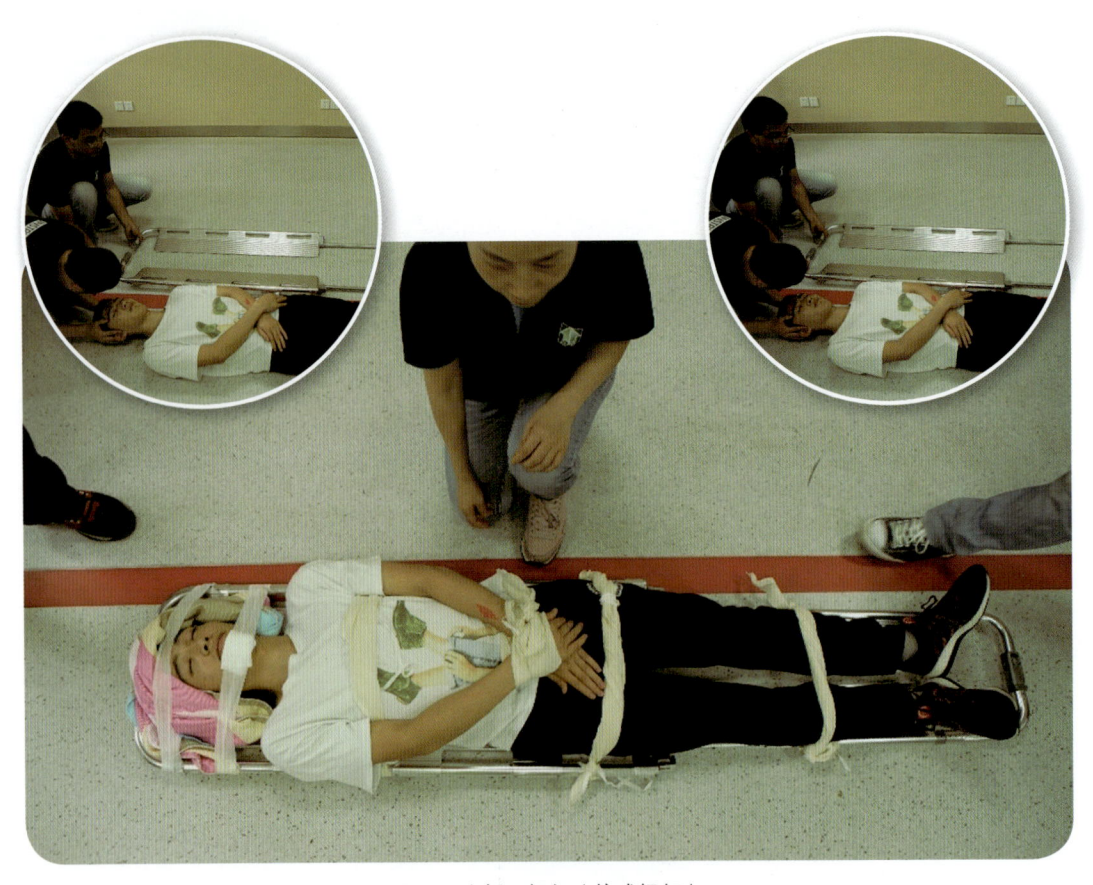

图8.5 夹板及担架（铲式担架）

第九章　床单卷解救法（Bedroll Extrication）

培训目标	通过对床单卷解救法的学习，培养学员将被困伤员从狭小空间中安全解救出的能力。
培训要求	（1）时长45分钟。 （2）6名学员组成一组。
培训准备	（1）汽车。 （2）担架。 （3）颈托、脊柱板、毛毯。 （4）救生袋： ①听诊器、手电筒、剪刀； ②氧气面罩、绷带、止血带、输液管、液体； ③不同类型的气道装置和BVM； ④床单卷。
培训步骤	（1）设定训练案例。 （2）学员进行练习。 ①现场评估； ②对伤员进行初步评估； ③把伤员从车里救出来； ④将伤员送往救护车后进行二次评估； ⑤向医疗中心报告。

（见图9.1～图9.3）

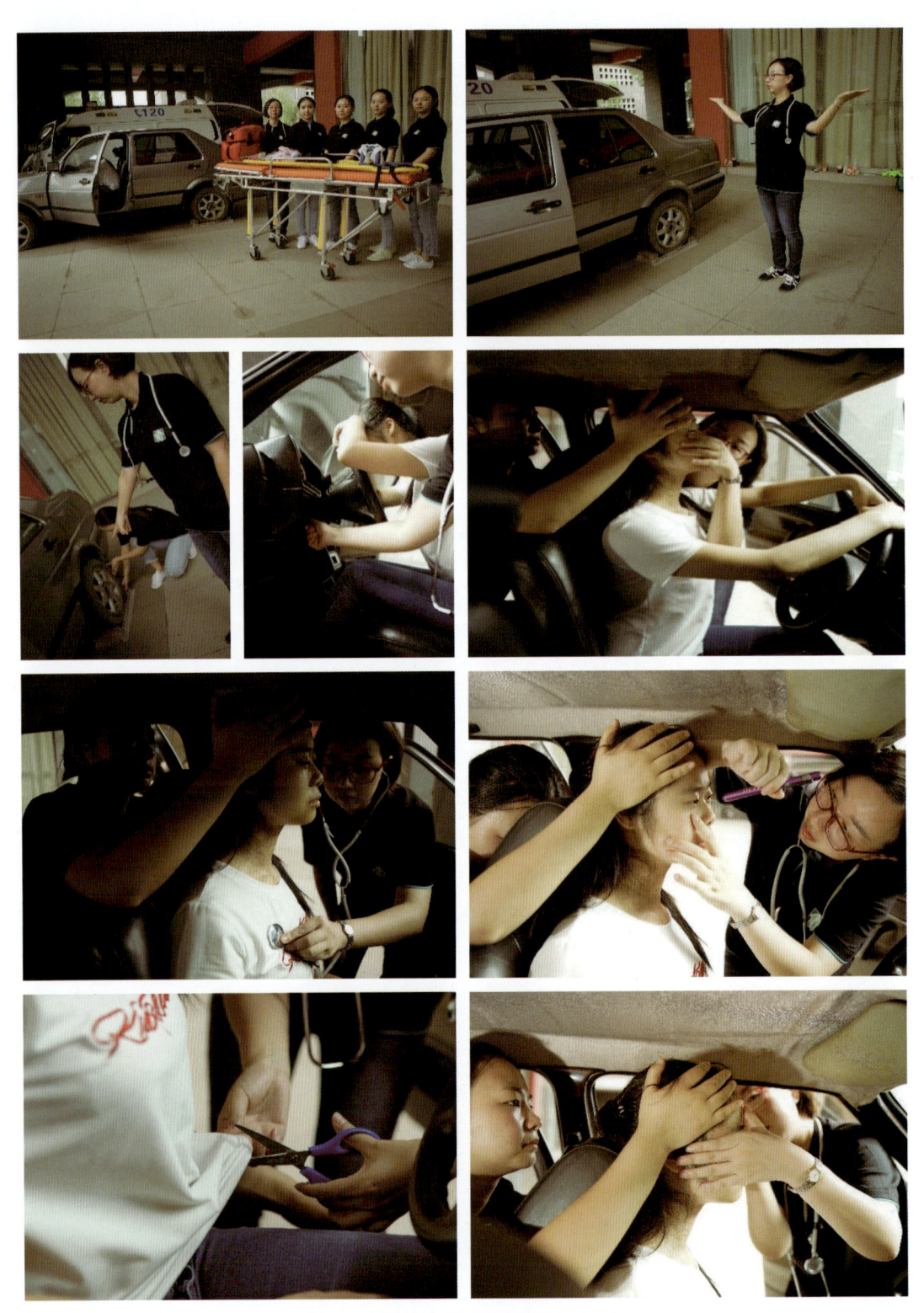

图9.1 解救法示意图（床单卷）（A）

图9.2　解救法示意图（床单卷）（B）

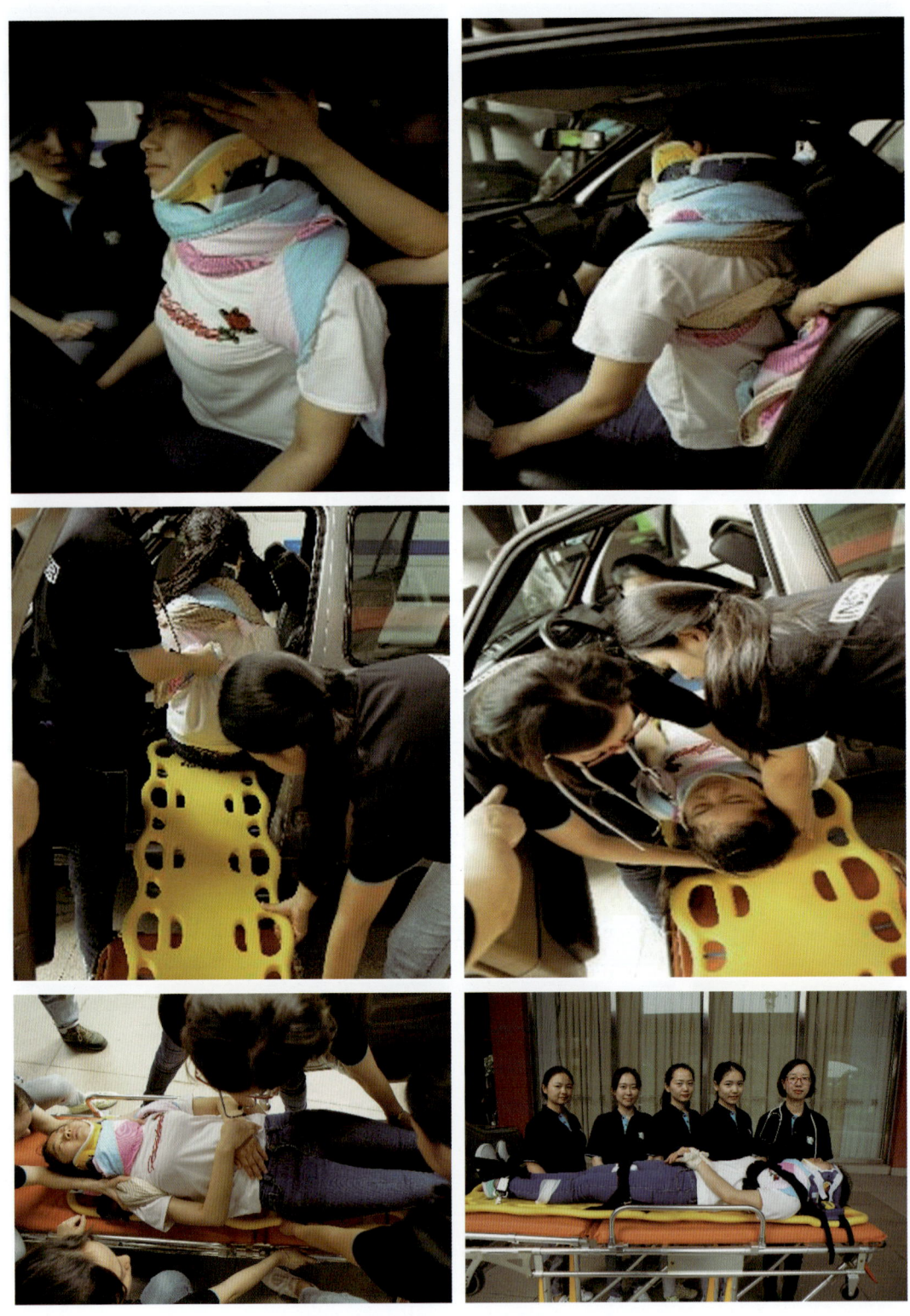

图9.3　解救法示意图（床单卷）（C）

第十章　KED解救法（KED Extrication）

培训目标	通过对KED解救法的学习，培养学员从被困空间中解救出伤员的能力。
培训要求	（1）时长45分钟。 （2）由6名学员组成一组。
培训准备	（1）汽车。 （2）担架。 （3）颈领、脊柱板、毛毯。 （4）救生袋： ①听诊器、手电筒、剪刀； ②氧气面罩、绷带、止血带、输液管、液体； ③不同类型的气道装置和BVM； ④KED解脱装置。
培训步骤	（1）设定训练案例。 （2）学员进行练习： ①现场评估； ②对伤员进行初步评估； ③用KED解脱装置将伤员从车上救出； ④将伤员送往救护车后进行二次评估； ⑤向医疗中心报告。

（见图10.1～图10.3）

图10.1 解救法系列示意图（KED）（A）

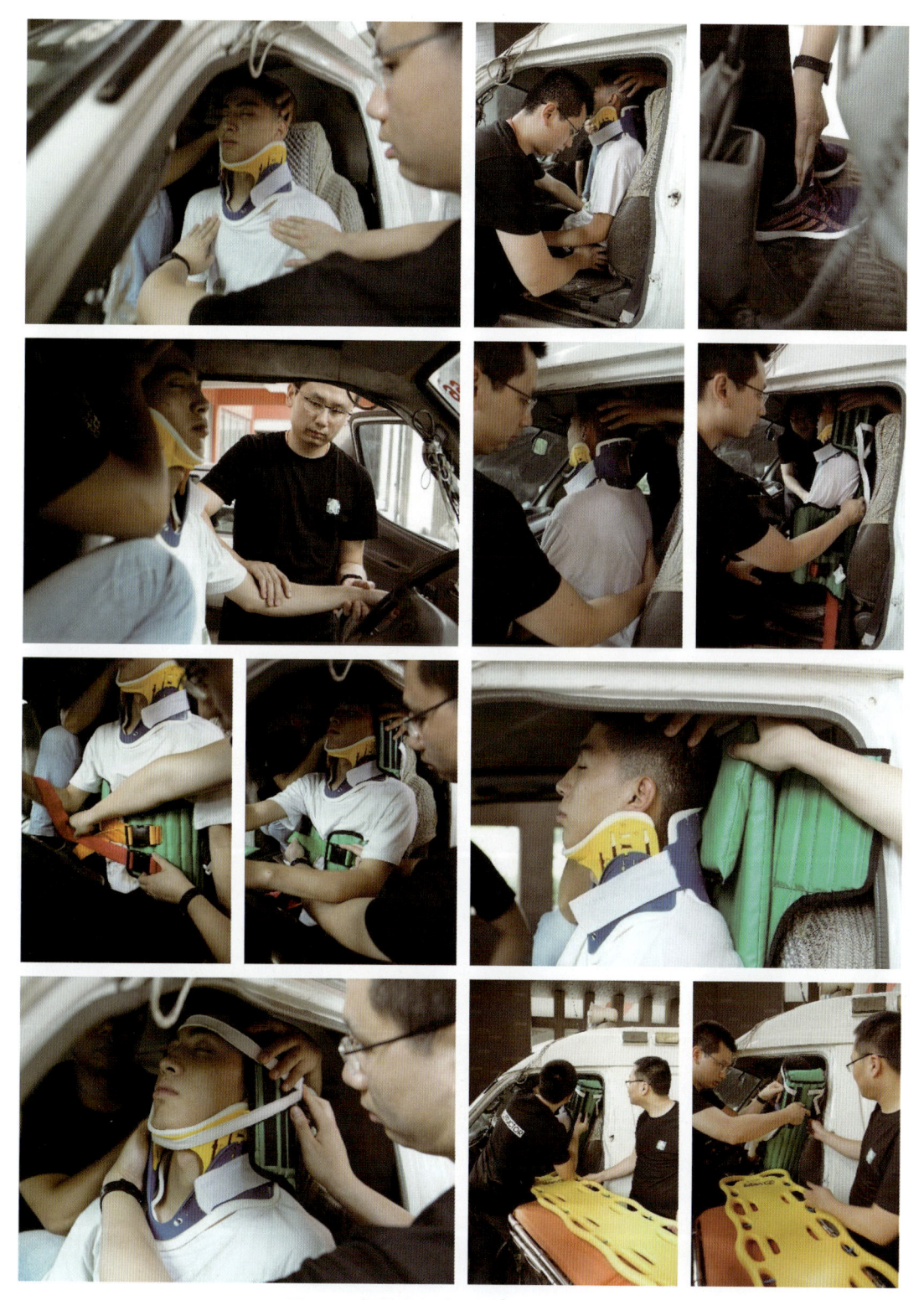

图10.2 解救法系列示意图（KED）（B）

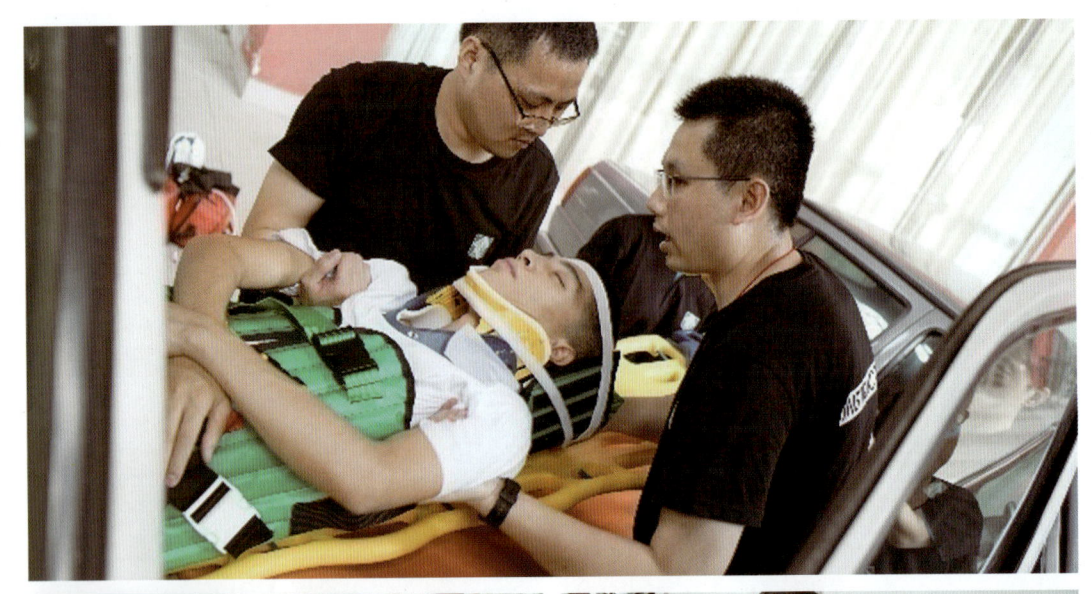

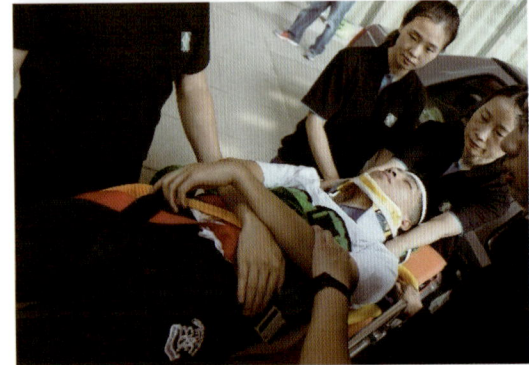

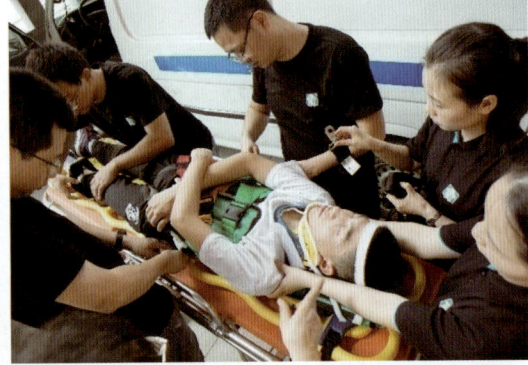

图10.3 解救法系列示意图(KED)(C)

第十一章　创伤评估和脊柱固定（成人）
[Trauma Assessment & Spinal Immobilization (Adult)]

培训目标	通过对成年人的创伤评估和脊柱固定方法的学习，培养学员对灾难中受伤的成年人进行综合创伤评估和脊柱固定的能力。
培训要求	（1）时长45分钟。 （2）6名学员组成一组。
培训准备	（1）脊柱板： ①头部固定器； ②4对固定带； ③颈托、毛毯。 （2）救生袋： ①听诊器、手电筒、剪刀； ②不同类型的气道装置和BVM； ③氧气面罩、绷带、止血带。 （3）静脉注射套管和液体。
培训步骤	（1）设定训练案例。 （2）学生进行练习： ①现场评估； ②对伤员进行初步评估； ③上脊柱板； ④将伤员送往救护车后进行二次评估； ⑤向医疗中心报告。

（见图11.1~图11.4）

NAEMT-PHTLS院前创伤生命支持：创伤评估脊柱固定法

		步骤	
现场评估	安全、机制、受伤人数、额外救援、防护衣物	队长准备仪器：听诊器、手电筒、剪刀	
		队员准备仪器：氧气面罩、气囊面罩、绷带、SAM夹板、毯子、长板、颈托	
基本评估 10分钟	气道处理（A）+固定颈椎	头锁固定（如果有眼镜，取掉眼镜）	
		检查有否气道阻塞	问：你还好吗？请张开嘴。你最痛的地方在哪儿？假如有分泌物或者鼾声→吸痰，OPA
	呼吸处理（B）	看	有否发绀（若有，必须使用氧气面罩）有否使用辅助呼吸肌
		听（使用听诊器）	是否有咀嚼，是否对称 呼吸快或慢（10～30次/分），是否需要气囊面罩通气 是否有杂音（湿啰音、喘鸣）
		感觉	是否有皮下气肿
	循环处理（C）+控制出血	检查出血	如有任何活动性出血，用敷料/止血带
		检查脉搏	检查桡动脉和股动脉搏动
		检查皮温	用手背检查
		检查毛细血管充盈	>2秒代表外周灌注不足
		检查有无休克	如果有休克，示意队员上救护车后建立静脉通道和补液（1～2L乳酸林格氏液）
	评估神经功能缺损（D）	清醒程度	AVPU
		检查瞳孔	用手电筒照射
	暴露伤员（E）+全身快速检查，剪破衣服，盖上毯子	头	伤口/骨折/鼻子和耳朵有无脑脊液漏
		颈	肿胀/颈静脉充盈/导管有无移位（使用颈托）
		胸	锁骨/胸骨/肋骨有无压痛
		腹	有无疼痛、压痛、腹胀
		骨盆	如果有骨折磨擦音，用骨盆带止血
		下肢	伤口/骨折/PMS
		上肢	伤口/骨折/PMS
		背部	用同轴翻身转动伤员，检查伤口/骨折
	做决定	大声喊出伤员的情况：危重或不危重，稳定或不稳定，并决定是否实时转运伤员	
	上板及急走	把伤员放上脊柱板 转动伤员过程中不要伤到骨折部分，长板置于骨折肢体一边 系带次序：胸（用2条带）→大腿（用1条带）→小腿（用1条带）→头（用头部固定器）	
进一步评估	在救护车里评估	队员1	采集病史（SAMPLE）
		队员2	检查生命体征：血压/脉搏/呼吸/体温/血氧饱和度
		队长	气道、呼吸、循环（ABC）+GCS评分+全身检查
	报告医疗中心内容	MIVT	M=受伤机制；I=受伤情况；V=重要生命体征 T=已给予的治疗和预计到达时间

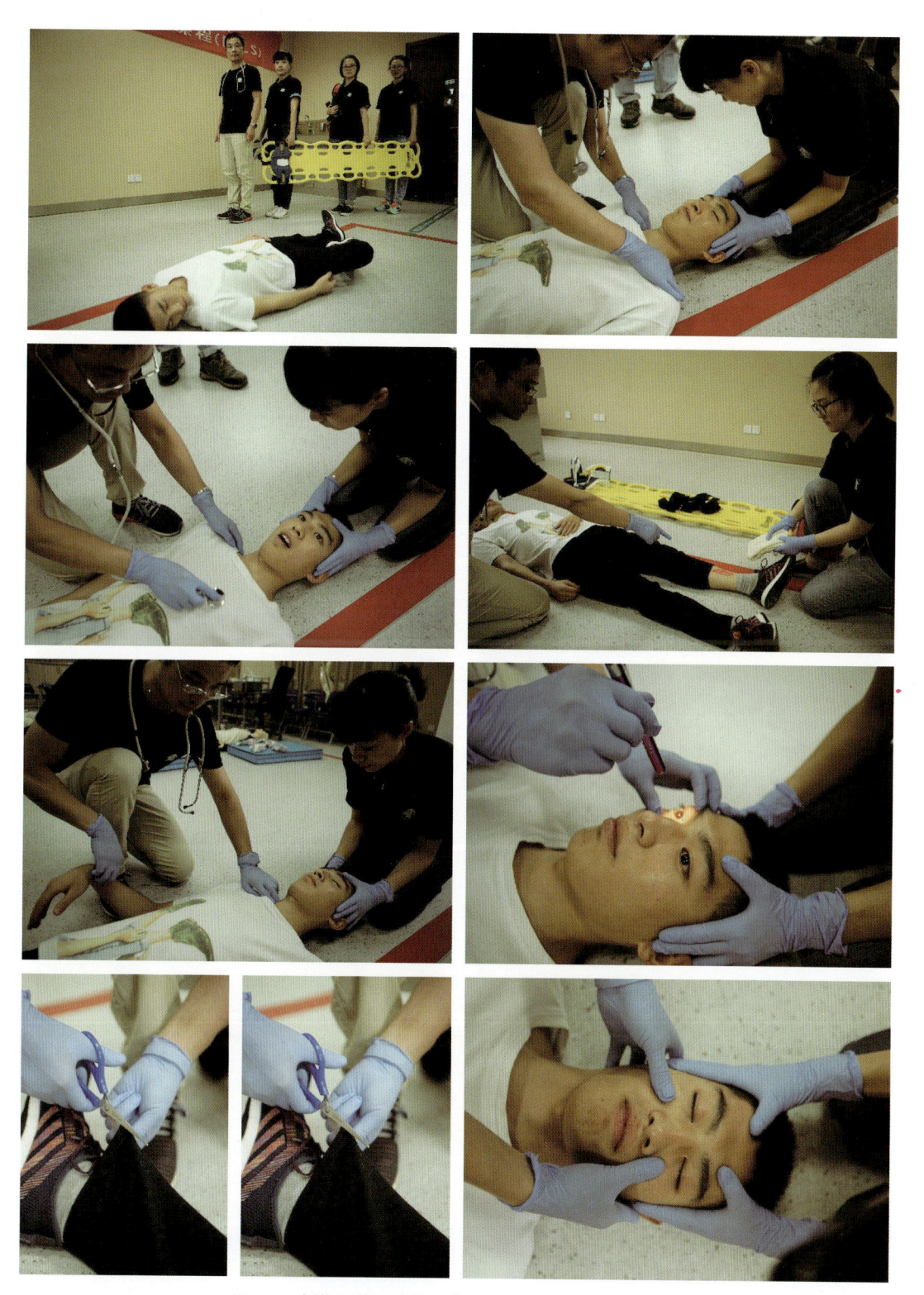

图11.1 创伤评估和脊柱固定系列示意图（成人）（A）

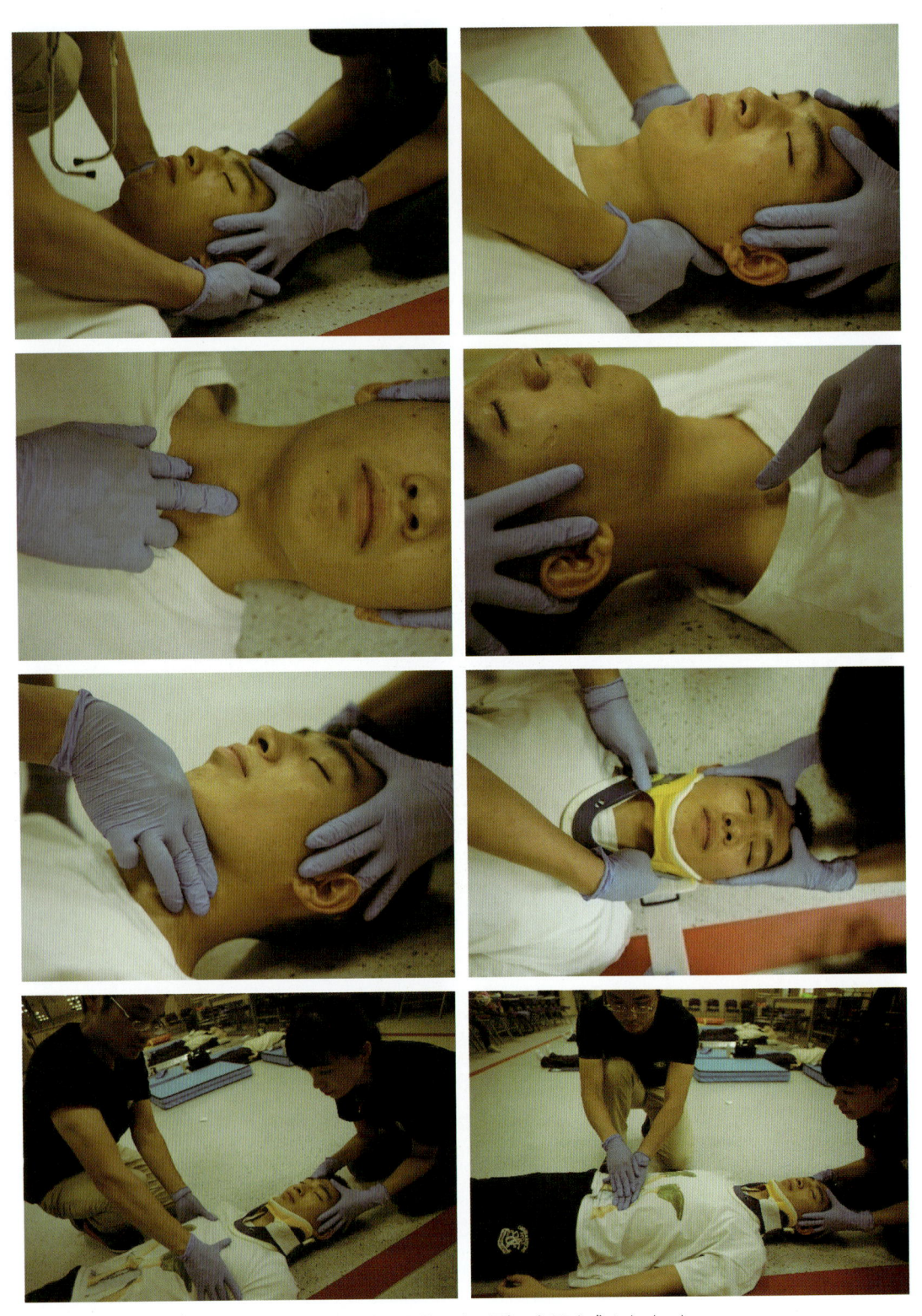

图11.2 创伤评估和脊柱固定系列示意图（成人）（B）

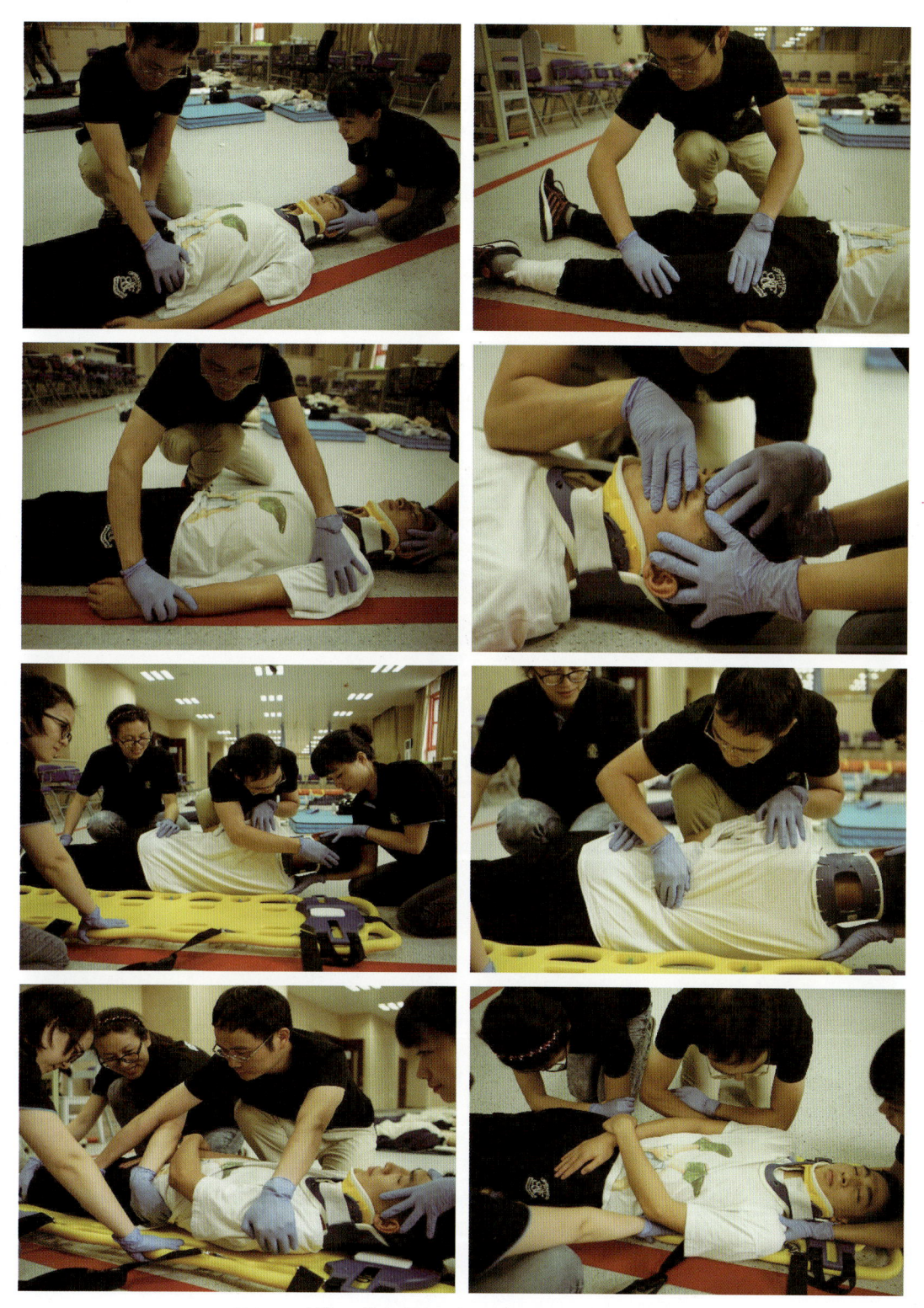

图11.3　创伤评估和脊柱固定系列示意图（成人）（C）

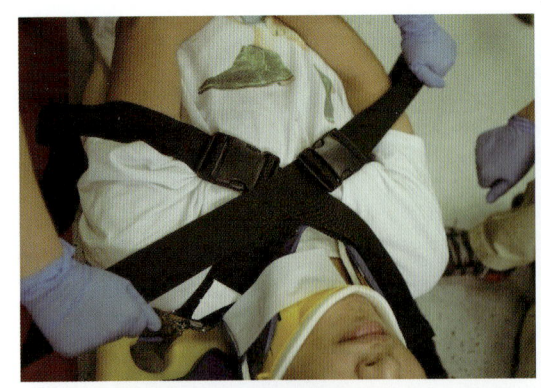

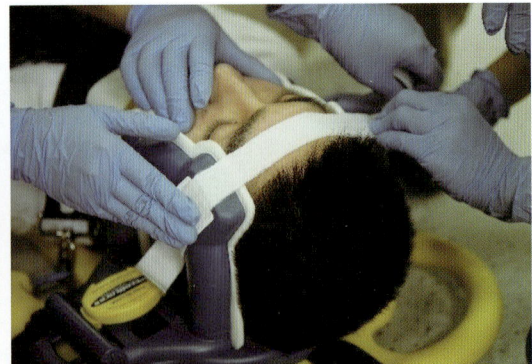

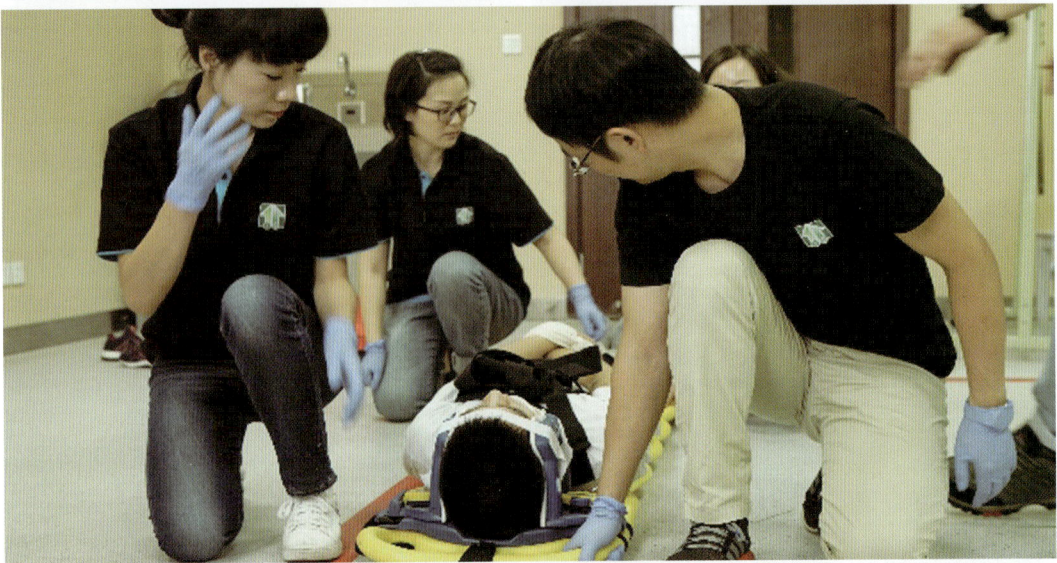

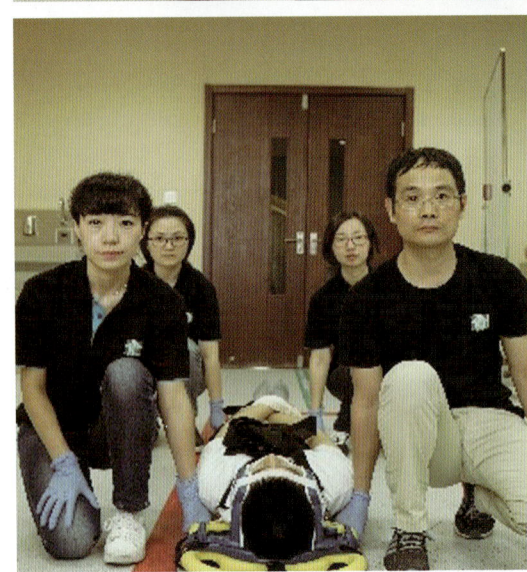

图11.4 创伤评估和脊柱固定系列示意图（成人）（D）

第十二章 创伤评估和脊柱固定（婴儿）
[Trauma Assessment & Spinal Immobilizaiton（Infant）]

培训目标	通过对婴儿的创伤评估和脊柱固定方法的学习，培养学员在灾难中对婴儿伤员进行综合创伤评估和脊柱固定的能力。
培训要求	（1）时长45分钟。 （2）6名学员组成一组。
培训准备	（1）婴儿座椅配件： ①充填垫； ②用胶布作为固定带； ③毛毯。 （2）救生袋： ①听诊器、手电筒、剪刀； ②不同类型的气道装置和BVM； ③氧气面罩、绷带、止血带； ④静脉注射套管和液体。
培训步骤	（1）设定训练案例。 （2）学生进行练习： ①现场评估； ②对婴儿伤员进行初步评估； ③保证婴儿座椅上的婴儿安全； ④将婴儿伤员送往救护车后进行二次评估； ⑤向医疗中心报告。

（见图12.1~图12.3）

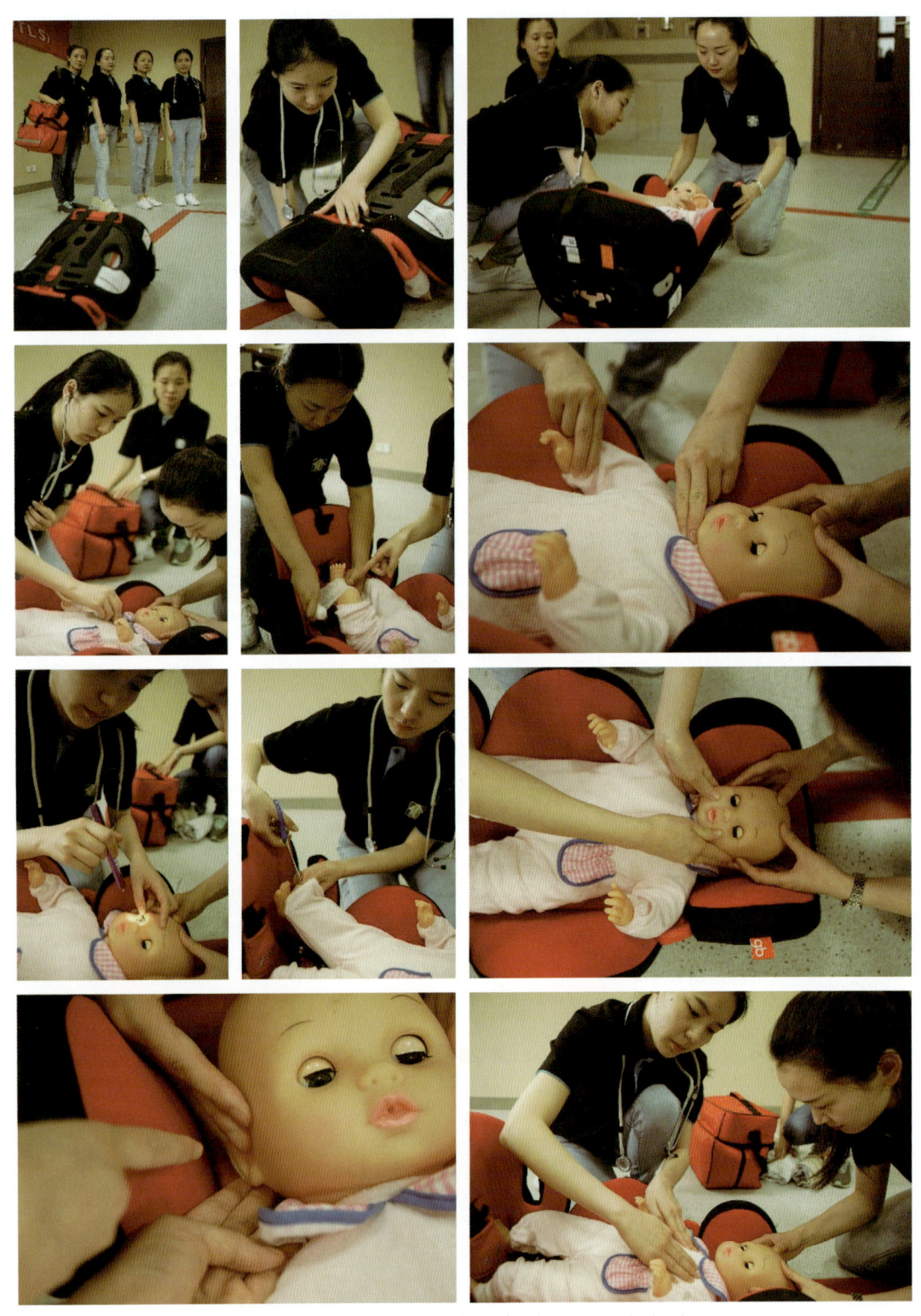

图12.1 创伤评估和脊柱固定系列示意图（婴儿）（A）

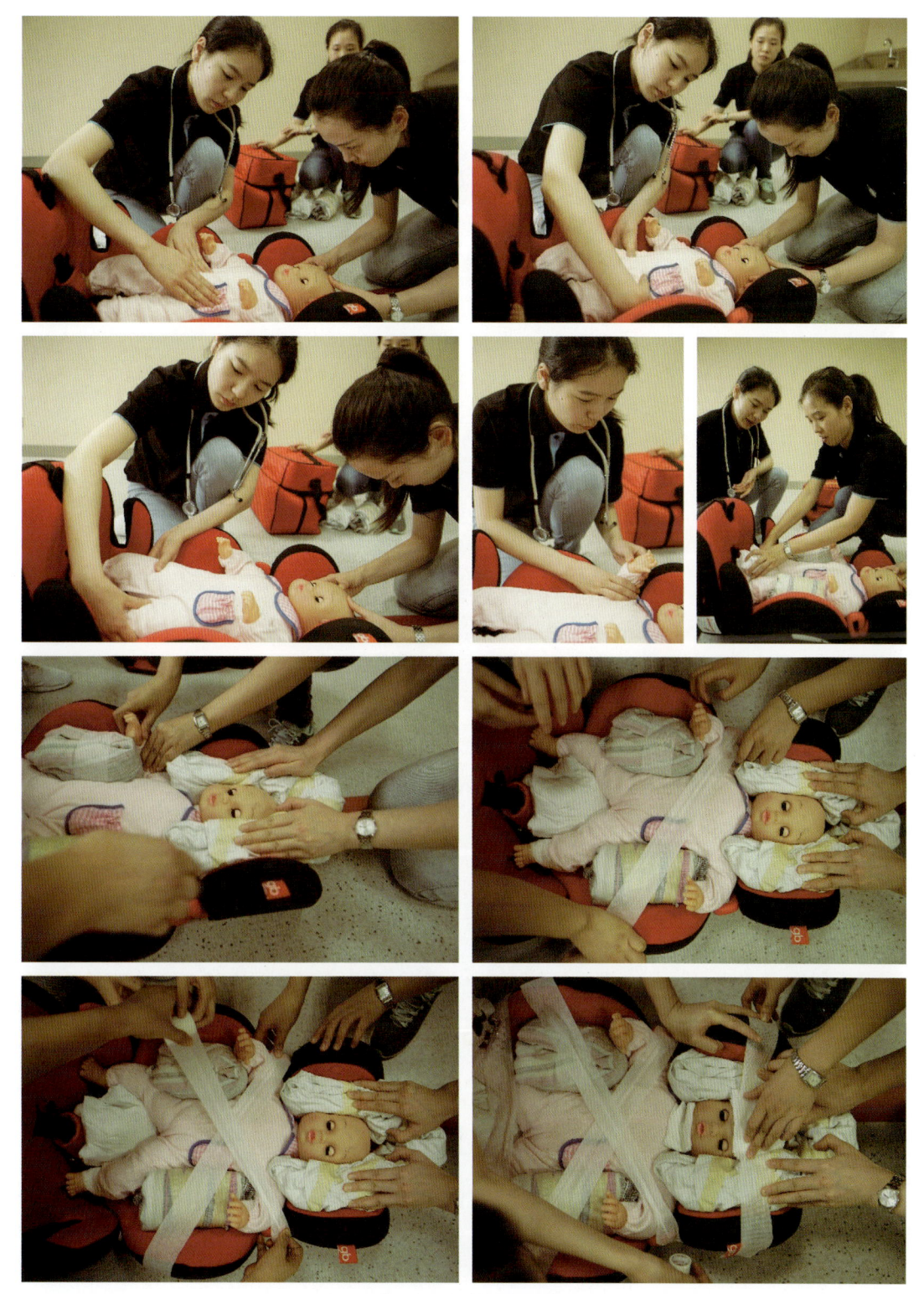

图12.2 创伤评估和脊柱固定系列示意图（婴儿）（B）

图12.3 创伤评估和脊柱固定系列示意图（婴儿）（C）

第十三章　危重伤员转运及急救
（Transport & Manage Critically Ill Victims）

培训目标	通过对救护车上危重伤员转运及急救方法的学习，培养学员在救护车安全转移过程中，对危重伤员突发状况的临床管理能力。
培训要求	（1）时长45分钟（15分钟室外救援+20分钟救护车运输和CPR+10分钟总结和汇报）。 （2）由6名学员组成一组。
培训准备	（1）救护车。 ①担架； ②心电除颤器； ③心电图模拟器。 （2）带颈托、橡皮布的脊柱板。 （3）救生袋。 ①听诊器、手电筒、剪刀； ②氧气面罩、绷带、止血带、输液管、液体； ③不同类型的气道装置和BVM； ④ETT和插管设备。 （4）在室外区域的地面上准备一个受伤的假人模型。
培训步骤	（1）选择一个室外公共区域进行培训。 （2）给学生描述创伤伤员的受伤情境，讲授现场所设定案例的基本情况。 （3）用10分钟让学员在室外空间对创伤假人进行创伤评估。 （4）学员需要安全转移伤到救护车，并且在护送伤员至医院的途中实施临床技能管理。 （5）假设救护车需要行驶20分钟，期间伤员突然病情恶化，心脏骤停，急需学员运用CPR急救方法进行抢救。 （6）20分钟后完成本技能训练，并进行总结。

（见图13.1）

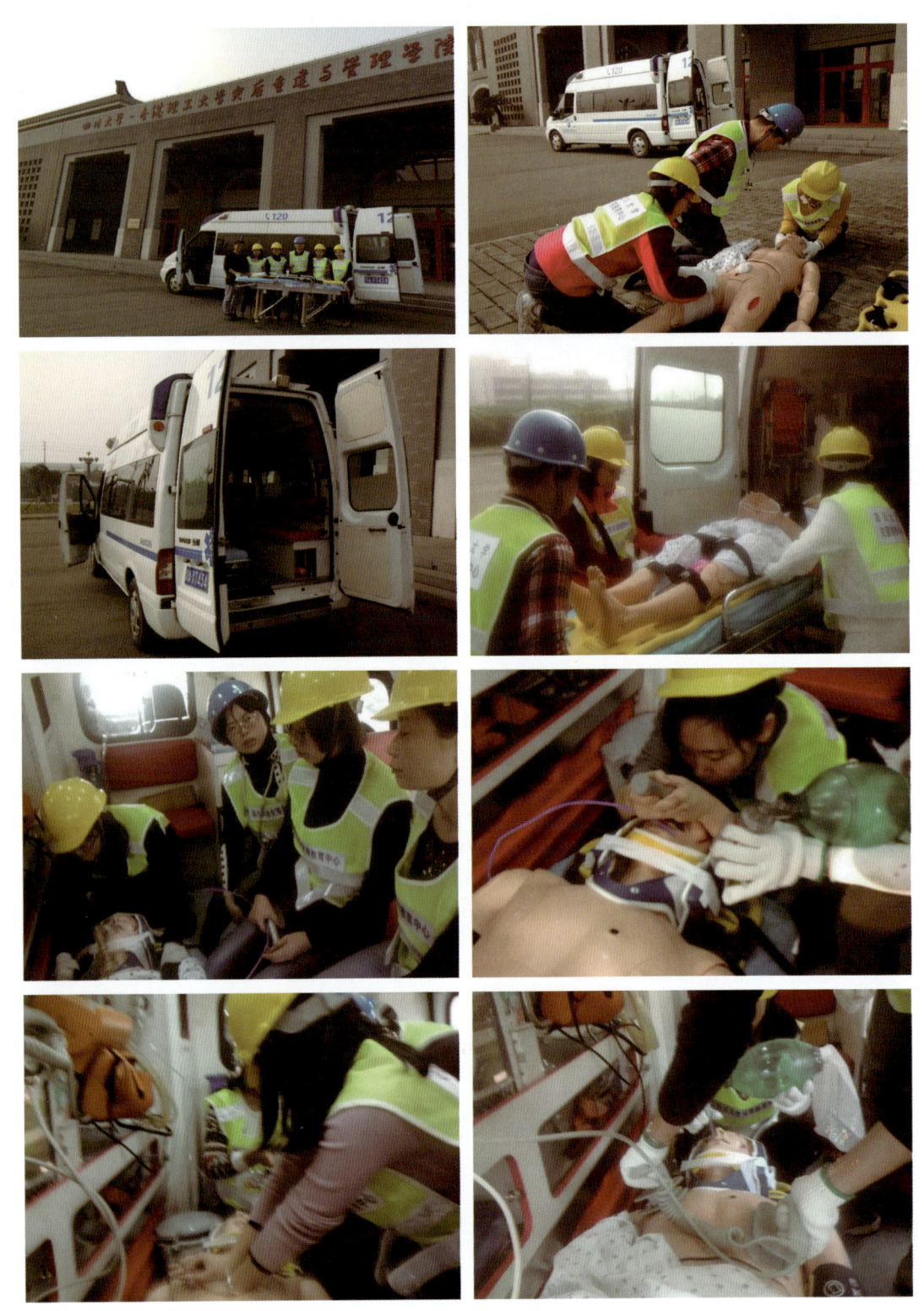

图13.1　危重伤员转运及急救系列示意图

主要参考文献

ADVANCED HAZMAT LIFE SUPPORT INTERNATIONAL, 2014. Advanced Hazmat Life Support Provider Manual [M]. 4th ed. Tucson: University of Arizona.

AMERICAN OCCUPATIONAL THERAPY ASSOCIATION, 2010. Episode 16: Disaster Response and Preparedness [R]. Bethesda (MD): American Occupational Therapists Association.

AMERICAN COLLEGE OF EMERGENCY PHYSICIANS, 2015. International Trauma Life Support provider manual [M]. 8th ed. New York: Pearson Education.

AMERICAN COLLEGE OF SURGEONS, 2012. Advanced Trauma Life Support—Student course manual [M]. 9th ed. Chicago: American College of Surgeons.

AMERICAN HEART ASSOCIATION, 2015. Highlights of the 2015 American Heart Association—Guidelines update for CPR & ECC [M]. Dallas: American Heart Association.

BRIGGS S, BRINSFIELD KH, 2003. Advanced Disaster Medical Response—Manual for Providers [M]. Boston: Harvest Medical International Trauma & Disaster Institute.

EMERGENCY NURSES ASSOCIATION, 2014. Trauma Nursing Core Course provider manual [M]. 7th ed. Des Plaines: Emergency Nurses Association.

GOVERNMENT OF JAPAN, 2012. Road to Recovery [EB/OL]. http://japan.kantei.go.jp/policy/documents/2012/_icsFiles/afieldfile/2012/03/07/road_to_recovery.pdf.

GLOBAL HUMANITARIAN HEALTH ASSOCIATION, 2015. Executive Report: Inaugural Meeting of the Global Humanitarian Health Association [R]. Montreal: Global Humanitarian Health Association.

ICRC, 2009. War Surgery: Working with Limited Resources in Armed Conflict and Other Situations of Violence [R]. Genva:ICRC.

INTERNATIONAL COUNCIL OF NURSES, 2009. ICN Framework of Disaster Nursing Competencies [R]. Genva: World Health Organization and International Council of Nurses.

JAPANESE ASSOCIATION OF OCCUPATIONAL THERAPY, 2014. Never to Be Forgotten (Special issue) [J]. Jpn Assoc Occup Ther J, 24: 1-18.

NATIONAL ASSOCIATION OF EMERGENCY MEDICAL TECHNICIANS, 2014. Pre-hospital Trauma Life Support Provider Manual [C]. 8th ed. Holy Springs: National Association of Emergency Medical Technicians.

ST. JOHN AMBULANCE ASSOCIATION, 2015. Psychological First Aid course manual [M]. London: St. John Ambulance Association.

NEPAL PHYSICAL THERAPY ASSOCIATION, 2015. The Role of Physical Therapists in the Medical Response Team Following a Natural Disaster: Our Experience in Nepal [J]. J Orthop Sport Phys Ther. 45(9): 644-646.

TANG S, LEE L, 2009. Inter-facility and Critical Care Transport Medicine Core Manual [M]. Hong Kong: NTE & NTW Cluster, Hospital Authority.

WHO, 2004. Guidelines for Essential Trauma Care [R]. Geneva:WHO.

WHO, 2007. Best Practice Guidelines on Emergency Surgical Care in Disaster Situations [R]. Geneva:WHO.

WORLD FEDERATION OF OCCUPATIONAL THERAPISTS, 2013. WFOT Signs International Partnership Agreement. World Federation of Occupational Therapists. Forrestfield (WA): World Federation of Occupational Therapists [EB/OL]. http://www.wfot.org/Newsletter/.

WORLD FEDERATION OF OCCUPATIONAL THERAPISTS, 2014. Disaster Preparedness and Response (DP & R). Forrestfield (WA): World Federation of Occupational Therapists [EB/OL]. http://www.wfot.org/Practice/DisasterPreparednessandResponseDPR.aspx.

编后语

随着《灾难与创伤生命支持（第二版）》的圆满完成，我们不禁回顾起第一版自出版以来所取得的成就。第一版不仅迅速成为四川大学灾难救援相关选修课程的教材，而且在教学实践中广受好评，为我国灾难医学救援领域培养了大量专业人才。

《灾难与创伤生命支持》第一版的成功，得益于编者们深厚的专业知识、丰富的实践经验和无私的奉献精神。该教材以其科学性、实用性和针对性，赢得了师生的广泛认可，成为灾难医学救援教育培训的宝贵资源。在四川大学灾难医学中心和国家级紧急医学救援基地的支持下，第一版教材广泛应用于各类灾害救援培训，为提高医护人员的灾难应对能力做出了重要贡献。

《灾难与创伤生命支持（第二版）》的编纂，是在第一版的基础上，结合最新的灾难救援理论和实践，以及对医护人员培训需求的深入分析，进行的精心修订。我们相信，第二版将继续承担起培养未来灾难医学救援人才的重任，为提升我国的灾难医学救援水平贡献力量。在此，我们要向所有参与第一版教材编写的同事们表示最深切的感谢，感谢他们的智慧与努力，使得这本教材能够成为灾难医学领域的经典之作。同时，也要感谢所有使用过第一版教材的师生们，你们的反馈和成长，是我们最大的动力和荣耀。

《灾难与创伤生命支持（第二版）》的出版，是我们探索灾难医学救援教育培训之路上的又一重要里程碑。我们期待，这本教材能够继续在四川大学及更广泛的领域，发挥其重要的作用，为培养更多的灾难医学救援人才，为保护更多生命的安全与健康，做出新的更大的贡献。

最后，我们要向四川大学的双一流学科建设项目、灾难医学中心、出版社以及责任编辑敬铃凌老师表示衷心的感谢。特别鸣谢四川大学人工智能赋能创新型实践教育综合改革研究专项及四川大学华西医院高原医学中心1·3·5基金（GYYX24010）、四川省科技厅项目（25KPZP0261）、四川省科技厅科普作品创作项目（25KPZP0036）和四川省科技厅科普培训项目（2021JDKP0040）。

《灾难与创伤生命支持》编写组在持续学习与进步的道路上，与您携手同行。

本书编写组